KB234690

초등 입학 준비의 모든 것

입학전 100일, 입학후 100일

초등 입학 준비의 모든 것

입학 전 100일, 입학 후 100일

1판 1쇄 발행   2009년 11월 30일
1판 2쇄 발행   2010년   3월 25일

집필	강승임, 김주희
기획	이봉순
편집	디박스
디자인	디박스
일러스트	강은옥(blog.naver.com/hayama84)
발행인	이연화
발행처	아주큰선물

주소	서울시 용산구 이촌동 한가람 Ⓐ 214-1002
대표전화	02-796-7411
대표팩스	02-796-7412
등록번호	106-09-23890

김주희 · 강승임 공저

: 초등 입학 준비의 모든 것 :

입학전 100일,
입학 후 100일

아주큰선물

아이의 초등학교 처음 공부,
첫 단추부터 잘 끼울 수 있어요!

'두근두근', '조마조마.'

아이의 초등학교 입학을 앞둔 엄마들의 마음속에서 들리는 소리예요.

초등학교에 들어가면서부터 아이의 실력과 재능, 습관, 생활태도 등이 모두 시험대에 오르는 거나 마찬가지니 얼마나 긴장되고 떨릴까요? 아이에 대한 평가는 때론 부모에 대한 평가로 여겨지기도 해서 학교생활과 공부, 숙제, 시험 등에서 모두 좋은 성취를 내어야 한다는 부담감이 클 거예요.

엄마들의 이런 고충을 덜어드리고자 이 책에 학습의 기초 습관부터 교과 공부법, 숙제를 준비하는 법, 또 잘하는 법, 시험을 준비하는 법, 또 잘 치르는 법 등을 모두 담았습니다.

Part 1에서는 학습 습관을 들이기 위해 무엇을 어떻게 해야 하는지 쓰고 있어요. 학습 습관이 잘 들었다는 아이들을 살펴보면 집중력, 기억력, 시간관리 능력, 높은 학습동기, 경청 습관이 잡혀 있어요. 이것들이 무엇이고 아이에게 어떻게 적용할 수 있는지 알아봅니다.

Part 2와 Part 3에서는 본격적인 교과 공부법을 담았어요. 국어, 수학, 과학, 사회, 예체능, 그리고 한자와 영어까지 어떤 부분을 집중적으로 익히도록 해야 하는지, 또 평생 가는 최강 공부법은 무엇인지 썼답니다. 나중에 학교에 입학해서도 많은 도움이 될 거예요.

Part 4에서는 숙제하는 법에 대해 썼어요. 학교에서 어떤 숙제를 내고, 어떤 대회를 치르는지 그에 따라 가장 적합한 최선의 방법을 소개했답니다. 샘플도 있으니 바로 활용할 수 있을 거예요.

Part 5에서는 그래도 여전히 엄마들이 궁금해 하는 질문들의 답을 제시했어요. 학습지, 보습학원, 선행학습, 시험 대비, 예체능 교육, 방학 활용 등은 학교에 들어가서도 계속 고민하게 되는 문제들이지요. 어떤 해결책과 대안이 있는지 살펴보세요.

엄마 혼자서 아이를 키우는 게 아니랍니다. 조금만 주위를 둘러보면 엄마를 돕는 손길이 참 많아요. 궁금한 것들, 걱정하는 부분들 중에서 이 책에서도 해결되지 않는 게 있다면 학교 선생님에게 도움을 청하고, 주변의 선배 엄마들에게도 물어 봅니다. 또 책 속 추천 도서들을 읽어보는 것도 큰 도움이 될 거예요.

아이의 초등학교 처음 공부, 첫 단추부디 잘 끼울 수 있으니 이제 아이와 함께 힘차게 첫 발을 내딛어 봅니다!

강승임, 김주희

PART5 그래도 궁금하다?
나머지 고민 해결!

초등 입학 준비의 모든 것 : 입학 전 100일 + 입학 후 100일

PART1

공부를 위해 태어났다

학습 습관
들이는 법

1 작정하고 몰두하는 집중력 기르기

대부분의 엄마들이 아이를 학교에 입학시키고 나면 가장 우려하는 점 중의 하나가 바로 '산만함'이에요.

혹시 수업 시간에 가만히 있지 못하고 꼼지락대지는 않을지, 선생님이 말씀을 하시든 말든 장난치는 건 아닌지, 해야 할 일이 있는데도 딴 짓 하느라 다 끝마치지 못하는 건 아닐지 걱정은 꼬리에 꼬리를 물고 이어지지요.

그도 그럴 것이 아이들이 집이나 유치원에서 보여 주는 대부분의 행동들은 일관되지 못하고 약간은 번잡스러워요. 눈치 없이 엉뚱한 질문을 하고, 금방 싫증을 내고, 마치 사냥꾼처럼 여기저기 돌아다니지요.

그렇다면 우리 아이의 산만함을 혹시 고칠 수 없을까요? 당연히 고칠 수 있어요! 초등 입학 전후로 놀이와 활동을 통해 집중력을 길러 준다면 산만함 따위는 별 문제가 되지 않아요.

이를 위해 엄마는 "우리 아이는 원래 산만해."라는 편견에서 벗어나 "우리 아이는 시간 가는 줄도 모르게 만화책을 읽어. 그럼 공부도 그렇게 할 수 있을 거야!"라는 긍정적인 생각을 갖고 집중력을 길러 주세요!

집중력, 도대체 뭘까?

집중력은 일이 어렵든 쉽든, 좋아하는 것이든 싫어하는 것이든 상관없이 '해야 하는 일을 자신의 일로 받아들이고 생각을 모으는 능력'을 말해요.

이처럼 집중력이란 자신이 의도하고자 하는 방향으로 정신을 모으는 것이므로 왜 해야 하는지, 무엇을 어떻게 해야 하는지를 알고 나면 충분히 집중력을 높이고 그 시간을 최대한 활용할 수 있게 됩니다.

집중력을 유도하는 엄마의 대화 전략

대화 예시	대화 전략
유치원 숙제가 있었지? 그림일기 쓰는 거.	무엇을 왜 해야 하는지 간단히 말해요.
지금이 5시니까 6시까지만 쓰면 되겠다.	시간을 정해줌으로써 '끝난다.'는 안도감을 주고, 시간을 충분히 이용할 수 있도록 해요.
오늘은 얼마나 멋진 그림을 그릴까? 지난 번 기차 그림은 정말 놀라웠어.	예전에 잘했던 기억을 떠올리게 함으로써 오늘 과제에 대한 자신감과 의지를 심어 주어요.
글은 세 줄만 써야 돼. 더 쓰면 엄마도 읽기 힘들어. 그런데 뭐하는 그림인지는 재미있게 써 줘.	유머로 아이의 싫어하는 마음을 다독이면서 구체적인 내용이나 방법을 제시해요.

우리 아이 집중력 체크

주의력 및 집중력이 부족한 아이들은 일상적으로 다음과 같은 행동들을 하지요. 우리 아이가 어느 정도의 집중력을 가지고 있는지 확인해 보세요.

1 앉아서 손발을 가만 두지 못한다.

2 필요한 경우에도 계속 앉아 있기 힘들다.

3 외부 자극에 의해 주의가 쉽게 산만해진다.

4 게임이나 그룹 활동을 할 때 차례를 기다리기 어렵다.

5 질문이 끝나기도 전에 대답이 불쑥 튀어나오는 경우가 많다.

6 선생님이나 엄마가 지시한 일을 끝내기가 어렵다.

7 한 가지 활동을 끝내기 전에 다른 활동으로 자주 옮긴다.

8 조용히 놀기 힘들다.

9 말을 정신없이 많이 하는 편이다.

10 다른 사람을 방해하거나 참견한다.

11 자기에게 뭐라고 말하는지 귀담아 듣지 않는 것 같다.

12 필요한 물건을 자주 잃어버린다.

13 정신적인 노력이 필요한 활동이나 학습을 피하거나 싫어한다.

:: **5개 미만** – 양호. 격려와 칭찬으로 집중력 완성하기

:: **5~9개 정도** – 머리를 쓰는 놀이로 좀 더 향상된 집중력 기르기

:: **그 이상** – 아이가 흥미 있어 하는 놀이들을 함께 해 보고, 차차 어려운 놀이로 옮겨가면서 한 가지 일에 관심 쏟도록 하기

작전 ❶ 퍼즐 놀이에 집중시키기

퍼즐은 고도의 집중력을 필요로 해요. 그래서 처음엔 쉬운 종이 퍼즐부터 시작하여 난이도가 높은 입체퍼즐로 옮겨갑니다.

아이가 퍼즐을 맞출 때 옆에서 격려하고, 가끔씩 간단한 조언도 해 주세요. 그리고 모두 끝내면 아이가 원하는 걸 하게 해서 집중력을 발휘한 데 대한 보상을 해 주세요. 그래야 몰두하는 경험을 즐거운 일로 여기게 된답니다.

 이제 엄마랑 퍼즐 게임을 할 거야. 전에도 한 적 있지?

 네, 토마스 퍼즐이요.

 맞아. 그거 전에 꽤 잘했었지? 오늘은 그거랑 좀 다르긴 한데 집중하면 잘할 것 같아.

 어떤 건데요?

 그림은 없고, 그냥 모양 보면서 맞추는 거야. 이건 입체퍼즐이야. 그래서 뒤집어도 되고, 거꾸로 해도 돼. 이거 다 맞추고 너 좋아하는 인형 놀이 하자, 꼭! 먼저 엄마 하는 거 잘 봐.

 엄마, 어려워요.

 원래 처음에는 어려운 거야. 한번 뒤집어 볼래?

 이렇게요?

 바로 그거야! 그렇게 해서 맞춰 보렴.

 이제 됐어요.

 그렇지! 잘하는구나! 역시 생각을 모으니까 술술 풀리는 것 같아! 이제 다른 것도 해 볼까?

 좋아요!

말놀이는 문제를 맞히기 위해 생각을 한데 모으고 배경지식도 활발히 활용하게 합니다. 공부를 하기 전에 잡생각을 없애고 마음을 정리해 주는 효과가 있기 때문에 아이가 집중하지 못할 때 종종 함께 해 보세요.

❶ 꼬리에 꼬리를 무는 끝말잇기

"자전거 → 거북이 → …" 상대방이 한 말의 끝말로 시작하는 낱말을 생각해서 말하는 게임이에요. 이 놀이로 알고 있는 낱말을 최대한 활용하면서 새로운 낱말을 배울 수 있어요.

❷ 나는 누구일까? 스무고개

"나는 누구일까요?"로 시작하여 "네/아니오"로만 힌트를 주는 스무고개는 아이들이 우뇌와 좌뇌를 동시에 활용하게 함으로써 집중력을 높여요. 상위 개념부터 시작해서 차츰 구체적인 질문을 해요.

❸ 엉뚱하게 생각하는 수수께끼 놀이

"거꾸로 자라는 것은?"과 같이 엉뚱한 질문이 대부분인 수수께끼는 창의적인 생각을 유도함으로써 머리를 쓰게 하지요. 나중엔 아이 스스로 문제를 지어서 내도록 하고, 어째서 그게 답이 되는지 물어 봅니다.

❹ 똑똑한 속담퀴즈

"까마귀 날자 ○ 떨어진다. ○은 무엇일까?" 빠진 낱말을 찾아내어 속담을 완성해 보도록 합니다. 아이가 잘 모르면 생각을 짤 수 있도록 "과일이야. 사과랑 친구지."와 같은 쉬운 힌트를 주세요.

막상 공부를 하려고 할 때 아이의 집중력을 방해하는 것들이 있어요. 잡담, 다른 생각, 소음, 음악, 텔레비전, 게임, 공부에 대한 흥미와 이해 부족, 공부를 못한다는 생각 등이지요. 다음 방법들을 적용해 이를 극복해 보세요.

1단계 배움에 대한 긍정적인 마음

"나 못해, 하기 싫어!"라는 생각 대신 "난 잘할 수 있어. 한번 해 볼 거야."라는 생각을 갖도록 격려해요.

2단계 공부할 내용에 흥미 붙여 주기

독서와 체험을 통해 공부 내용과 관련된 배경지식을 길러 주거나, 배울 내용을 훑어 보며 예전 경험과 연관된 이야기를 나누면 흥미가 생겨요.

3단계 공부하기 전에 분량 정하기

공부할 내용과 양을 미리 계획해서 그대로 진행하면 그 시간 동안 집중력이 매우 향상됩니다.

4단계 먼저 배운 내용 간단히 훑어보기

즉시 새로운 내용을 공부하기보다 전에 배운 내용을 간단히 훑어 보거나 쉽게 맞힐 수 있는 퀴즈를 내어 자신감을 갖게 해요.

5단계 스스로 마음을 잡도록 격려하기

아이가 집중하지 못할 때 "정신을 어디다 팔고 있니?"하며 야단치지 말고, 스스로 몰두하도록 "지금 하는 일에만 마음을 쓰자." "넌 이 정도의 방해쯤은 신경 쓰지 않고 할 수 있어." "좋아 계속하자." 등의 말로 격려합니다.

2 한번 알면 안 잊어버리는 기억력 기르기

기억력은 학습능력의 가장 중요한 부분이에요. 한 번 듣거나 읽고도 기억한다면 공부하는 데 시간을 줄일 수 있고, 그 시간엔 더 의미 있는 일이나 고차원적인 사고를 할 수 있어요.

다행히 대부분의 아이들은 기억력이 꽤 좋은 편이에요. 예전에 있었던 일들이나 좋아하는 책의 내용 등을 달달 외운 것처럼 이야기하지요.

그런데 좀 더 깊숙이 들어가면 아이마다 기억을 잘하는 영역이 조금씩 다르다는 사실을 발견하게 돼요. 어떤 아이는 자전거를 타거나 수영을 하는 법은 아주 잘 기억하는데, 책의 내용이나 공부한 내용은 잘 기억하지 못해요. 또 직접 겪은 일은 잘 기억하는데, 수학의 규칙이나 원리는 잊어버리는 경우가 많지요.

이런 경험이 있었던 엄마라면 이번 기회에 우리 아이가 무엇을 배우든 어떤 일을 하든지 오래 기억할 수 있는 능력을 길러 주세요. 한번 오래 기억하는 습관이 길러지면 뇌의 용량은 점점 커진답니다. 즉 기억력에는 제한이 없으니 이것이야말로 우리 아이의 학습능력을 최고치로 만들어 줄 거예요!

기억력, 도대체 뭘까?

기억력이란 뇌의 기능의 한 부분으로서, '받아들인 정보를 좀 더 체계적으로 재구성하여 오래 기억하고 또 능동적으로 활용하는 능력'을 말해요.

체계적으로 재구성한다는 것은, 이미 알고 있는 지식과 새로운 지식을 결합시켜 머릿속에서 질서 있게 다시 정리한다는 뜻이지요. 따라서 배경지식이 많을수록 새로운 지식을 더 쉽게 받아들일 수 있고 기억력도 좋아져요.

기억력을 높이는 엄마의 대화 전략

대화 예시	대화 전략
이건 정말 어려운 내용이야. 초등학교 3학년 정도 되어야 배우는 거지.	기억시키고자 하는 정보에 특별한 의미를 부여해요.
이거 공룡전에서 본 적 있지? 이게 바로 화석이야.	공부할 내용을 배경지식이나 과거 경험과 연결시켜요.
9시 50분이네. 이걸 10시 10분 전이라고 말한다고 했지.	새로 배운 내용은 바로 일상생활 속에서 활용하도록 해요.
지금은 공부하기 싫고 짜증나지? 엄마가 손잡아 줄게. 마음이 편안해지면 다시 하자.	감정적으로 흥분한 상태에서는 기억력이 전혀 발휘되지 못하므로 마음을 편안하게 가질 수 있도록 격려해요.

우리 아이 학습 기억 습관 체크

기억력을 제대로 발휘하게 하는 것이 기억 습관이에요. 학습과 관련된 우리 아이의 기억 습관은 어느 정도로 잡혀 있는지 점검해 보세요.

1. 공부하는 과목에 흥미를 가지려고 노력한다.
2. 공부한 내용을 기억하려고 노력한다.
3. 새로운 지식이나 어휘가 나오면 알려고 한다.
4. 공부한 내용을 기억할 수 있다는 자신감을 가지고 있다.
5. 오늘 공부할 내용의 제목에 관심을 보이고 의문을 갖는다.
6. 본격적으로 학습을 하기 전에 그 내용을 한번 검토한다.
7. 공부가 끝난 후 나중에 그 내용과 관련한 대화 및 토론을 한다.
8. 학습을 할 때 배경지식을 활용한다.
9. 학습을 할 때 자기 경험이나 생활과 연관 지어 이해한다.
10. 기억하기 위한 자기만의 방법을 어느 정도 터득하고 있다.
11. 중요한 부분을 읽은 후 외우기 위해 다시 그 내용을 확인한다.
12. 처음 배우는 내용을 정확하게 이해하려고 노력한다.
13. 공부를 한 후 3일 내에 그 내용을 복습하는 데 거부감이 없다.

:: **10개 이상** – 양호. 격려와 칭찬으로 장기 기억 습관 완성하기

:: **5~9개 정도** – 공부를 할 때, 기억 습관을 기르는 순서에 따라 학습시키기

:: **5개 이하** – 어휘를 분류하여 기억하는 놀이부터 시작하여 기억력을 높이는 다양한 방법 익히기

작전 ❶ 비슷한 것 묶어 기억하기

암기할 내용을 조직해서 기억한다면 빠른 시간에 매우 효율적으로 기억할 수 있어요. 이를 위해 20개의 단어를 관련시켜 분류해서 암기하는 게임을 해 보세요.

아이가 스스로 범주를 정해 단어를 기억한다면 기억 방법이 뛰어나다고 할 수 있어요.

 이제 엄마랑 기억 게임을 할 거야. 엄마가 낱말판을 보여 주면 거기에 어떤 낱말들이 있었는지 맞히는 거야.

 얼른 보여 주세요.

 그런데 30초만 보여 줄 거니까 잘 보렴. 낱말은 모두 20개야.

지우개	수세미	책	컵	사과
복숭아	연필	딸기	공책	크레파스
숟가락	수박	냄비	필통	포크
포도	냉장고	접시	바나나	귤

 이제 말해 보렴. 어떤 낱말이 있었니?

 사과, 딸기, 연필, 책, 바나나. 컵도 있었나? 잘 모르겠어요.

 그럼 엄마가 힌트를 줄게. 네가 본 낱말들의 종류를 말해 보렴.

 과일들이 있었어요.

 맞아. 여기 있는 낱말들은 과일, 부엌에서 쓰는 물건, 공부할 때 쓰는 물건 이름들이야. 이렇게 나누어서 기억해 보렴. 이번엔 20초를 줄게.

작전 ❷ 재미있게 외우는 네 가지 기억력 기술

기억력도 기술이에요. 기억을 잘하는 사람들은 자기만의 독특한 암기법이 있어요. 일상생활 속에서 기억력을 높이는 방법과 기술들을 익혀 보세요.

❶ 차례로 연상하여 이야기 만들기

아이와 외출을 할 때 활용해 보세요. 예를 들어 세탁소, 은행, 우체국, 마트에 간다면, "세탁소에 가서 돈을 깨끗이 세탁한 다음 은행에 가서 저금할 거야. 남은 돈은 편지봉투에 넣어 쇼핑 수레에 담을 거야."라는 이야기를 들려 주세요. 그러면 개념들이 차례로 연상되어 즐겁게 기억할 수 있습니다.

❷ 친숙한 사물과 연관 짓기

"우리 집은 우리 나라야. 소파는 경상도, 책상은 충청도, 텔레비전은 전라도, 의자는 제주도, 부엌은 강원도야. 소파는 어디라고?"와 같이 어려운 어휘는 친숙한 사물과 연관 짓도록 하세요.

❸ 노래로 만들어 기억하기

"구구단 노래를 들려 줄게. 이 일은 이, 이 이 사, 이 삼 육, …."과 같이 노래로 만들어 외워 보세요. 박수도 치고 발도 구르면서 행동도 하면 훨씬 수월하게 암기할 수 있습니다.

❹ 앞글자만 따서 암기하기

"태양계에는 어떤 행성이 있지? '수금지화목토천해'가 있어. 수성, 금성, 지구, 화성, 목성, 토성, 천왕성, 해왕성이야."와 같이 왕 이름이나 나라 이름, 행성 이름 등을 외울 때는 앞글자만 따서 외워 봅니다.

작전 ❸ 알면 안 잊어버리는 공부 기억력 기르기

학습할 내용을 지속적으로 반복하여 익히면서 완전히 이해한다면 그 내용을 거의 영원히 기억할 수 있어요. 다음 단계를 따라해 보세요.

1단계 기억력을 두 배로 올리는 복습

학습내용을 복습하지 않으면 2주일 내에 80%를 잊게 되고, 복습을 하면 80%를 이해하게 돼요.

2단계 학습 전 2분 예습과 학습 후 2분 복습

공부를 할 때 반드시 '예습–학습–복습'의 과정을 따르면, 입학한 후 자연스럽게 수업 전 배울 내용을 훑어보고, 수업 후 배운 내용을 되새길 수 있어요.

3단계 큰 소리로 낭송, 또 낭송하기

책을 읽거나 새로운 내용을 공부한 후 즉시 그 내용을 큰소리로 낭송하면 청각과 시각을 적극 활용하므로 기억이 더 잘 되고, 잘못 공부한 내용을 바로 수정할 수 있어요.

4단계 그림과 마인드맵 적극 활용하기

배운 내용을 그림이나 마인드맵으로 그려 보면 더 오래 기억할 수 있어요.

5단계 연속 공부를 할 땐 다른 과목 교차 학습하기

여러 과목을 공부해야 할 때 40분 정도씩 시간을 정해 성격이 다른 과목을 교차로 공부해야 해요. 집중학습보다 분산학습이 더 잘 기억돼요. 한 과목만 오래 공부하면 오히려 기억할 틈을 주지 않지요.

3 계획하고 준비하는 시간관리 능력 기르기

초등학교 입학이 다가올수록 아이와 엄마는 점점 더 바빠져요. 입학 전에 하나라도 더 배워야 한다고 생각하기 때문에 아이의 스케줄이 하루가 다르게 빡빡해지지요. 그러면 어느새 엄마는 아이의 매니저가 되어 있고, 아이는 자신이 할 일을 스스로 알아서 하는 것이 아니라 엄마의 지시와 관리 하에 하게 되지요.

자, 엄마가 아이의 스케줄을 정하고 시간을 관리하는 것이 과연 옳은 일일까요? 어떤 엄마는 "그렇게 하지 않으면 하루 종일 펑펑 놀기만 할 텐데……."라며 스케줄표를 더욱 빼곡히 채울지도 몰라요.

그런데 엄마가 하나부터 열까지 아이의 스케줄을 관리하게 되면 아이는 스스로 시간관리하는 능력을 잃게 되어 점점 의존적이고 수동적인 태도를 갖게 된답니다. 더 큰 문제는 아이가 엄마를 위해 산다는 생각을 갖게 되면서 배우려는 의욕 자체를 잃게 되는 것이지요.

따라서 지금부터라도 아이에게 주어진 시간을 아이 스스로 조절하고 관리할 수 있도록 해 주세요. 그래야 아이는 한 번 가면 돌아오지 않는 시간의 의미를 깊이 인식하여 더욱 소중히 쓰게 된답니다.

시간관리, 도대체 뭘까?

시간관리란 '주어진 시간 동안 할 일을 계획하고, 그 일을 수행한 다음 평가하고, 갑자기 생긴 일을 하기 위해 계획에 변화를 주는 것'을 말해요.

시간관리를 잘하면 일을 하거나 공부를 할 때 조바심이 생기지 않고 마음이 편해져 더욱 집중할 수 있어요. 그리고 의미 없이 놀거나 쉬는 일이 줄어들지요. 가장 중요한 점은 목적을 이루어 성공할 수 있게 해 주지요.

알아두세요 **시간을 잘 관리하게 하는 엄마의 대화 전략**

대화 예시	대화 전략
TV 보는 것보다 숙제가 더 중요한 일이야. 중요한 일을 미루어서는 안 돼.	하고 싶은 일과 중요한 일을 구분하여 중요한 일을 우선하도록 해요.
책을 다 읽은 다음에 일기를 쓰면 돼. 너는 바쁘지 않아. 시간은 충분하단다.	한 번에 한 가지 일을 하도록 하여 서두르지 않도록 해요.
앞으로 2시간 동안은 할 일이 없네. 무엇을 하면 그 시간을 잘 보낼 수 있을까?	자투리 시간을 스스로 계획하여 활용하게 하는 습관을 들여요.
일요일에는 무엇을 할까? 신나는 일을 계획해 보자.	여가와 휴식 시간을 잘 활용하도록 하여 항상 여유 있는 마음을 갖게 해요.

우리 아이 시간관리 체크

아이의 하루를 자세히 관찰해 보세요. 계획되지 않고 허비되는 시간이 많은가요? 아이가 주어진 시간을 얼마나 잘 관리하고 있는지 점검해 봅니다.

1. 어떤 일을 시작할 때 꾸물거린다.
2. 한 가지 일을 마치고 다음 일정이 어떻게 되는지 자주 잊어버린다.
3. 학습을 할 때 시간을 정하지 않고 되는 대로 하는 편이다.
4. 어떤 일을 시작할 때 서두른다.
5. 해야 할 일이나 중요한 일을 뒤로 미루는 편이다.
6. 할 일 없이 시간이 주어졌을 때 배회하며 그냥 보낸다.
7. 잠을 자는 시간이 일정하지 않다.
8. 규칙적으로 공부하거나 학습하는 것을 미룬다.
9. 어떤 일을 할 때 무엇을 어떻게 할지 그다지 생각해 보지 않는다.
10. 하기 싫은 공부나 일을 할 때 후딱 끝마치려고 한다.
11. 시간이 날 때 책을 읽으라고 하면 "나중에"라고 한다.
12. 기분이 내킬 때만 학습을 하거나 책을 읽는다.
13. 공부하는 시간이 따로 정해져 있지 않다.

:: **5개 미만** – 양호. 격려와 칭찬으로 시간관리 완성하기

:: **5~9개 정도** – 학습 계획과 일주일 스케줄 스스로 확인하여 실천성 기르기

:: **그 이상** – 일주일 생활과 하루 생활을 엄마와 함께 계획함으로써 시간에 대한 주인의식 기르기

작전 ❶ 아이 스스로 하루생활 계획표 짜기

시간 계획이 중요하다고 말하는 대신 자연스럽게 하루생활 계획표를 짜 보게 합니다. 먼저 하루가 24시간이라는 것을 말해 주고, 잠자는 시간과 활동하는 시간을 나누도록 하세요. 그런 다음 세부 일정을 나눕니다.

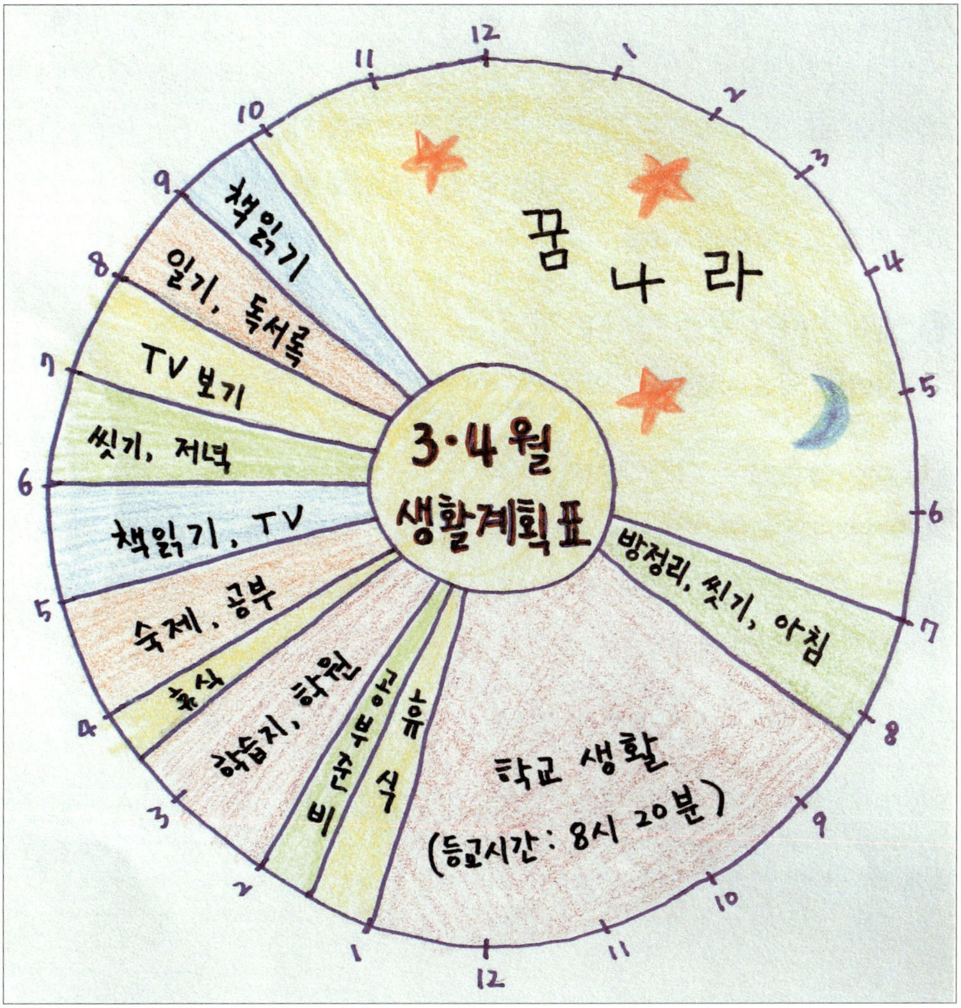

시간관리 습관은 한두 번의 활동이나 지시만으로 길러지지 않습니다. 매일 꼼꼼히 기록하고 체크해야 비로소 시간에 대한 민감함과 시간을 관리해야겠다는 의지가 생기지요. 귀찮더라도 한 달 동안 다음을 실천해 보세요.

❶ 오늘 한 일 적기

일기를 쓰기 전에 오늘 한 일을 모두 떠올려 시간 기록표에 적습니다. 자세히 적기보다 '잠, 식사, 등하교, 심부름, 유치원, 친구, 책읽기, 공부, 가족, 학원' 등 분류해서 적을 수 있도록 합니다. 그리고 옆에는 그 일을 했을 때의 감정이나 기분을 10점 만점으로 해서 기록해요.

❷ 일주일 시간 활용 평가표 적기

일요일이 되면 지난 6일 동안 시간을 어떻게 썼는지 함께 통계를 내 봅니다.

❸ 잘못 활용하는 시간 찾기

평가표의 통계를 보고 전체 활동 가능 시간에서 실제로 활동한 시간을 빼 보세요. 그러면 자유시간이 나오고 잘못 보낸 시간도 알게 돼요. 그런 다음 자투리 시간을 어떻게 이용할지 정해 봅니다.

	월		화		수		목		금		토	
⋮												
오전 11시	학교	7	학교	7	학교	8	학교	5	학교	6	놀이터	9
12시	학교	6	학교	8	학교	7	학교	6	학교	5	점심	7
오후 1시	놀이터	9	놀이터	7	놀이터	9	놀이터	8	놀이터	7	마트	7
2시	책읽기	6	숙제	5	숙제	5	책읽기	6	놀이터	8	TV	8
⋮												

해야 할 일을 즉흥적으로 처리하는 습관에서 벗어나 처음부터 스스로 계획해서 실행한 다음 마치는 경험을 하게 되면 아이는 점차 자기 시간을 통제할 수 있게 됩니다. 다음의 순서대로 학습 시간을 관리하세요.

1단계 구체적인 학습 목적 정하기

막연히 '공부 열심히 하기' 보다 '과학책 10권 읽기' 나 '1학년 읽기 교과서 3일 내에 다 읽기' 와 같이 직접 행동할 수 있는 목적을 정해요.

2단계 시간 촘촘히 계획하기

주어진 시간을 학습할 전체 양으로 나누어 하루에 얼마만큼씩 몇 시간 학습해야 하는지 스케줄을 짜요. 그리고 그 학습을 시작하는 시간과 끝나는 시간을 정해요. 규칙적으로 비슷한 시간대에 할 수 있도록 합니다.

3단계 제대로 하고 있는지 기록하고 평가하기

시간 계획을 한 다음은 그에 따라 실행을 합니다. 그런데 계획에 따라 했는지 매일 기록해야 해요. 그래야 자신이 어느 정도의 수행 능력을 가지고 있는지 파악할 수 있고, 무엇 때문에 계획이 실천되지 않았는지 반성할 수 있지요.

4단계 한 가지 일에만 몰두할 수 있도록 주변 정리하기

공부하는 방 주변이 어수선하거나 보지 않는 책들로 가득하면 정신이 분산되어 시간을 허비하게 돼요. 정리가 되지 않으면 자료를 찾느라 시간을 보내고, 괜히 쓸데없는 것에 주의를 기울여 또 시간을 허비하게 되지요.

4 알아도 알아도 또 알고 싶은 학습동기 올리기

　　아이가 무엇을 시작하는 데 주저하는 편인가요, 아니면 의욕을 가지고 덤벼드는 편인가요? 무슨 일이든 그 일을 하기 전에는 "그것을 하고 싶다."는 마음이 먼저 일어요. 이것을 '동기' 라고 하지요. 동기가 없으면 하기는 해도 잘하지 못할 뿐더러 끝까지 해 내지도 못하지요.

　　공부를 할 때도 마찬가지예요. "배우고 싶다.", "알고 싶다."는 학습동기가 없으면 아이들은 공부 앞에서 무기력한 태도를 보여요.

　　그러면 엄마는 옆에서 발만 동동 구르거나 어떻게든 하게 하려고 아이가 원하는 것을 들어주겠다는 제안을 하지요. 이런 제안을 하는 순간 아이는 스스로 원해서가 아니라 엄마와 거래를 하기 위해 공부를 하게 된답니다. 그러니 괜히 공부에 대한 보상을 해 준다는 약속은 하지 않도록 해요. 아이 마음속에서 우러나오는 동기를 갖도록 해야 해요.

　　사실 모든 아이들은 자율적인 존재로서 배우려는 열망을 가지고 있어요. 걱정 대신 아이에 대한 이런 믿음을 잃지 않고 마음을 헤아려 자신감을 갖게 해 준다면 아이의 학습동기는 쑥쑥 올라갈 거예요!

학습동기, 도대체 뭘까?

학습동기를 정확히 정의하면, '공부를 시작하게 하고 목표를 이루기 위해 한 번 시작한 학습을 활성화시키며 지속시키는 마음'을 말해요.

주어진 일을 성공시키고자 하는 성취동기가 높은 아이들은 모험심이 있고, 자신감이 있으며 열성적으로 활동하는 특징이 있어요. 또 좋은 결과를 맺고 싶어 하기 때문에 그것을 이루는 데 필요한 지식을 활발히 사용한답니다.

알아두세요   학습동기를 올리는 엄마의 대화 전략

대화 예시	대화 전략
도대체 공룡은 왜 갑자기 다 사라진 걸까? 그때 지구에 무슨 일이 있었나?	호기심을 유발하고 스스로 알게 하여 학습에 유능하다는 생각을 갖게 해요.
사람들 앞에 서면 누구나 떨려. 엄마도 예전에 발표할 때 너무 떨려서 외운 걸 다 잊어버린 적이 있어.	실수나 실패한 경험을 솔직하게 이야기해 주면 아이는 위로를 받아 오히려 자신감을 갖게 돼요.
그 질문은 정말 훌륭한데! 네가 묻지 않았으면 엄마도 그냥 지나쳤을 거야.	아이의 질문이 가치 있다는 느낌을 주고 어떤 의견이든 일단 존중해요.
속상해서 무척 짜증이 났겠구나. 그러면 머리에서 마구 불이 나는 것 같지?	아이의 말을 잘 들어주고 깊이 공감함으로써 엄마와의 신뢰를 높여요.

나는 아이의 학습동기를 방해하는 엄마일까?

아이들의 학습동기는 엄마, 아빠의 평소 태도와 깊은 연관이 있어요. 엄마가 아이를 존중하고 이해하고 공감하면 학습동기가 높아요. 나는 어떤지 점검해 보세요.

1. 아이가 하기 싫다고 할 때, "잔 말 말고 얼른 해."라고 말한다.
2. 아이가 잘 못했을 때, "엄마는 예전에 잘했어."라고 말하며 기죽인다.
3. 아이가 보는 책에 특별히 나만의 관심을 갖지 않는다.
4. 아이의 말을 다 듣기보다 중간에 끊고 충고나 조언을 하는 편이다.
5. 아이가 말을 할 때 건성건성 들으면서 시큰둥한 반응을 보인다.
6. 내가 원하는 만큼 아이가 공부를 하면 보상을 한다.
7. 내가 원하는 만큼 아이가 하지 않으면 야단을 치거나 벌을 준다.
8. 전에 배운 것을 아이가 잊어버리면 "다 배운 거잖아."라고 말한다.
9. 아이와 아이의 친구를 비교하는 말을 한다.
10. 아이가 걱정하는 것과 어려워하는 것에 대해 얘기를 나눈 적이 없다.
11. 아이에게 농담이나 유머를 잘하지 않는 편이다.
12. 아이에 대한 믿음보다는 잘할지 걱정할 때가 많다.
13. 아이가 성취했을 때, 다른 아이도 했을 거라고 무시할 때가 있다.

:: **4개 미만** – 양호. 격려와 구체적인 칭찬으로 학습동기 완성하기

:: **4~8개 정도** – 공부하는 이유를 함께 찾아보고 기를 살려 주며 자신감 갖게 하기

:: **그 이상** – 아이에 대한 신뢰를 회복하고 무조건 존중하여 관계를 좋게 한 다음 함께 공부하거나 책 읽기

작전 ❶ 공부하는 이유 모두 찾아보기

많은 아이들이 처음에는 엄마를 위해, 또는 칭찬을 받거나 선물을 받기 위해 공부를 해요. 그런데 이런 이유로 하면 오래 가지 못해요. 아이와 공부하는 이유를 모두 찾아서 이야기를 나눠 보세요. 그러면 아이 스스로 중요한 이유를 알게 될 거예요.

 공부는 왜 하는 걸까? 엄마는 사실 공부를 별로 좋아하지 않았는데 어느 날 똑똑해지고 싶어서 열심히 했지. 너는?

 나도 똑똑해지고 싶어요. 또 엄마가 하라고 하니까요.

 그것 말고 더 찾아보자.

〈공부하는 이유〉

똑똑해지고 싶어서, 엄마가 하라고 하니까, 몰랐던 걸 알기 위해서, 나중에 상장을 받기 위해서, 나중에 좋은 대학에 들어가려고, 나중에 훌륭한 사람이 되려고, 엄마랑 아빠가 기뻐하니까, 공부를 다 하고 나면 기분이 좋아지니까, 무언가를 알게 되면 즐거우니까, 선생님이 칭찬해서, 아이들이 부러워하니까 등

: 나를 위한 이유

 여기서 너 자신을 위한 이유랑 다른 사람을 위한 이유를 나눠 보자. 어느 쪽이 더 중요한 이유일까?

 나를 위한 이유가 중요한 것 같아요.

 맞아. 공부는 너 자신을 위해 하는 거야. 이걸 잊으면 안 돼.

무언가를 배우고자 하는 마음은 보다 수준 높은 인간의 욕구입니다. 아이의 경우도 마찬가지예요. 따라서 다른 욕구와 동기가 충족된 후에야 학습동기가 생길 수 있답니다. 만약 학습동기보다 낮은 차원의 동기들이 충족되지 않으면 아이의 학습동기는 지속적으로 떨어질 거예요.

❶ 배가 고프면 공부하고 싶지 않아

인간의 가장 기본적인 욕구는 생리적인 욕구입니다. 정말 배가 고프면 기력이 떨어지고 뇌의 활동도 둔해져 배우고 싶은 마음도 안 생기지요. 따라서 공부할 때 배고프지 않도록 미리 식사를 챙겨 줍니다. 하지만 공부할 때는 물 외에 먹을 것이 없어야 합니다. 먹을 것이 있으면 그것에 신경을 쓰느라 주의력이 떨어지니까요.

❷ 가족들이 사이가 안 좋으면 공부하고 싶지 않아

엄마와 아빠가 사이가 안 좋다거나 형이나 동생이 말썽을 부려 엄마가 속상해하는 걸 보면 아이의 머릿속도 복잡해집니다. 이런 상황에서는 가족에 대한 걱정 때문에 마음이 불안해지지요. 당장 무언가를 배우는 게 중요한 게 아니라 가정 문제를 해결하는 게 아이에게는 매우 중요해요. 왜냐하면 자신의 생활 기반이 가정이기 때문이에요.

❸ 인정을 받지 못하면 공부하고 싶지 않아

아이의 실수나 부족한 점을 지적하고 이를 빌미로 아이를 무시하거나 인정하지 않으면 아이는 공부하기가 싫어져요. 부모님과 선생님께 인정 받고 관심 받고 싶어하는 아이의 욕구는 정말 대단해요. 이를 외면하지 말고 아이를 있는 그대로 인정해 주세요.

학습동기가 거의 없는 상태를 학습무기력증이라고 해요. 어렸을 때부터 너무 많은 공부를 하면 오히려 무기력증에 빠지지요. 그러니 학습량이나 강도를 잘 조절해야 해요.

❶ 놀 때는 충분히 놀게 하기

일주일에 두 번 정도는 아이 입장에서 "정말 잘 놀았다."는 생각이 들 정도로 놀게 해 주세요. 아이들은 놀이를 통해 자신감을 갖게 되고 성취감을 맛봅니다. 또 자신의 잠재력도 깨닫게 되고요. 만약 충분히 놀지 못하고 찔끔찔끔 놀면 놀이에 대한 미련으로 공부에 불만이 생겨 능률이 오르지 않아요.

❷ 칭찬과 격려로 배움의 즐거움 알게 하기

아이가 무언가를 알게 되거나 배운 내용을 대화거리로 삼으면 칭찬하고 격려해 주세요. 그러면 기쁜 마음에 자연스럽게 새로운 지식을 또 알고 싶어하게 됩니다. 아이가 하는 말이 서툴고 어휘가 정확하지 못해도 "그게 아니라"라고 말하면서 고쳐 주려 하지 말고, "그렇구나."하고 운을 떼면서 좀 더 구체적인 질문을 하거나 다정하게 내용을 수정해 줍니다.

❸ 미래의 모습을 상상하게 하기

3년 후의 나, 10년 후의 나, 20년 후의 나를 떠올려 보게 하세요. 자신이 미래에 무엇을 하면서 어떻게 지낼지 생각해 보면 지금 무엇을 해야 하는지 어렴풋이나마 알게 됩니다. "커서 무엇이 되고 싶니? 그게 되려면 공부를 열심히 해야 해."라고 말하지 말고, "10년 후에 무엇을 하면서 지내고 있을까?"라고 물어 보면서 현재 해야 할 일을 스스로 깨달을 수 있도록 합니다.

5 들어도 들어도 또 듣고 싶은 경청 습관들이기

아이와 대화를 나눌 때 아이는 내 말을 잘 듣고 이해하나요? 아니면 머릿속으로 딴 생각을 하면서 한 귀로 듣고 한 귀로 흘리나요?

잘 듣지 않는 습관을 가진 아이는 학교 공부에 크게 뒤떨어질 가능성이 있습니다. 평소 상대방의 말을 귀담아 듣지 않는 아이는 수업 시간에도 습관적으로 선생님의 말을 잘 듣지 않지요. 선생님이 하는 말들은 교과서의 주요 내용일 뿐만 아니라 나중에 시험을 볼 때도 나오지요.

반면, 공부를 잘하고 모범적인 생활을 하는 아이들은 모두 '잘 듣는 능력'을 갖고 있어요. 이 아이들은 듣고 싶은 것만 잘 듣는 것이 아니라 일단 상대방의 말을 끝까지 들으면서 무슨 말을 하고 있는지 그 뜻을 알려고 노력하지요. 상대방의 말에 새로운 정보가 있으면 얼른 받아들이고 나의 생각과 다른 점이 있으면 그 논리를 기억해 두었다가 반박을 하거나 아니면 나의 생각을 다시 한 번 돌아봐요.

경청 능력은 평소 가정에서 대화도 많이 나누고 아이의 말도 잘 들어 주는 부모의 모습을 본받는 것에서부터 시작되니 이제부터라도 엄마가 먼저 경청하는 모습을 보여 주세요.

경청 능력, 도대체 뭘까?

경청 능력은 '주의를 집중하여 들음으로써 의미를 파악하는 능력'을 말해요. 여러 가지 소리가 동시에 청각을 자극해도 필요한 소리 한 가지만 집중하여 듣는 것을 의미하지요.

만약 소리를 듣기는 듣는데 그 내용이나 의미를 이해하지 못하면 경청 능력이 길러졌다고 말할 수 없어요. 어떤 내용인지 머릿속으로 적극적으로 생각하면서 받아들여야 경청 능력이 있다고 말할 수 있지요.

알아두세요 들는 습관을 갖게 하는 엄마의 대화 전략

대화 예시	대화 전략
먼저 말해 보렴. 네 생각을 들어 볼게.	경청하는 자세를 보여 줌으로써 자연스럽게 경청 태도를 따라하게 해요.
엄마 말을 잘 들은 다음에 궁금한 게 있으면 물어 보렴.	경청을 유도하는 말을 먼저 하고 이야기를 해요.
할머니한테 들었는데 시골 누렁이가 새끼를 낳았대. 어떻게 된 일이냐면……	흥미롭게 들은 이야기를 아이에게 다시 들려줌으로써 듣는 이야기의 즐거움을 느끼게 해 주어요.
엄마 말을 잘 들어 주어서 엄마가 참 기분이 좋아. 고마워.	잘 들었을 때 상대방이 기뻐한다는 걸 알려 주고 이를 칭찬해요.

우리 아이 듣기 습관 체크

아이의 경청 능력은 듣기 태도, 듣기 의지, 듣기 이해로 구성되어 있어요. 각각 어느 정도 습관이 잡혀 있는지 점검해 보세요.

〔듣기 태도〕

1 바른 자세로 말하는 사람을 바라보며 듣는다.

2 옆 사람과 이야기를 나누거나 다른 행동을 하지 않고 듣는다.

3 진지한 표정으로 고개를 끄덕이며 듣는다.

〔듣기 의지〕

4 상대방의 말이 끝날 때까지 자리를 뜨지 않는다.

5 상대방의 말을 중간에 끊지 않고 다 듣는다.

6 상대방의 말이 끝났는지 확인하고 자신의 말을 한다.

〔듣기 이해〕

7 중요한 내용은 메모하면서 듣는다.

8 듣기가 끝난 후 궁금한 점은 물어 본다.

9 듣기가 끝난 후 자기 생각과 다른 점을 말한다.

:: **듣기 태도** – 상대방의 말을 듣다가 공감하면 표정 또는 입으로 반응하게 하기

:: **듣기 의지** – 말을 끝까지 듣고자 하는 의지. 지루하고 귀찮아도 꾹 참고 듣게 하기

:: **듣기 이해** – 말하는 사람이 강조하는 내용, 새로 알게 된 내용, 내 생각과 다른 내용 메모하면서 듣게 하기

작전 **1** 엄마가 말하는 것 메모하기

아이와 시장에 가거나 외출을 할 때 계획을 들려 주고 메모를 하게 합니다. 이것이 반복되다 보면 메모하며 듣는 것이 자연스러워질 거예요. 더불어 메모하고 기록하는 습관도 잡히고요.

 엄마랑 시장에 가자. 내일 할아버지 제사니까 과일도 사고 고기도 사러.

 가서 또 맛있는 것도 사요.

 그래. 그런데 무얼 살지 다 적고 가자. 엄마가 말할 테니까 받아 적어 봐.

 네.

 먼저 과일 가게에 가서 사과, 배, 귤을 살 거야.

 사과, 배, 귤. 또요?

 그 다음 정육점에 가서 소고기랑 돼지고기를 사야 해.

 그 다음에는요?

 마트에 가서 고사리, 시금치, 콩나물. 다 적었니?

 잠깐만요. 마트에 가서 뭐요? 콩나물이랑...

 고사리, 시금치, 콩나물.

 다 적었어요.

어렸을 때부터 책을 읽어 주거나 이야기를 들려 주면 경청 습관이 자연스럽게 길러집니다. 책을 읽어 줄 때 엄마의 목소리나 태도는 매우 따뜻하고 정답기 때문에 귀가 즐겁고 마음도 평온해지지요. 그러면 듣는 기능이 향상되고 듣기에 대한 좋은 경험 때문에 기본적으로 사람이 말하는 걸 들으려고 하지요.

반면, 엄마가 너무 많은 말을 하거나 자주 꾸중을 하거나 아이가 말할 때 잘 듣지 않으면 아이의 경청 능력은 떨어집니다. 이런 상황이 반복되다 보면 아이 입장에서는 엄마가 하는 말은 무조건 잔소리로밖에 안 들리지요. 그러면 말 자체를 제대로 듣지 않는 습관을 갖게 돼요. 아이는 이렇게 생각하는 거지요.

"어차피 좋은 말은 하나도 안 할 텐데 그냥 듣지 말아야지."

상황이 후자 쪽이라면 이제부터라도 책을 읽어 주세요. 이때 아이에게 다음의 사항을 주의하면서 듣도록 합니다.

① 이야기에 누가 나오는지 생각하면서 듣는다.
② 주인공에게 무슨 일이 일어났는지 생각하면서 듣는다.
③ 왜 그런 일이 일어났는지 생각하면서 듣는다.
④ 어떤 부분이 특히 재미있는지 생각하면서 듣는다.
⑤ 중심 사건과 배울 점은 무엇인지 생각하면서 듣는다.

간단한 이야기를 들려 준 후 질문을 해 보면서 듣기 이해력을 높여 보세요. 기본적인 질문, 주제와 관련된 질문, 상상할 수 있는 질문을 합니다.

> 곰이 골짜기에서 가재를 잡고 있습니다. 꾀 많은 여우가 슬금슬금 다가갑니다.
>
> "곰아, 저 나무에 있는 꿀을 따서 나눠 먹지 않을래?"
>
> 곰이 여우의 뒤를 성큼성큼 따라갑니다.
>
> '헤헤, 맛있겠다. 나 혼자 먹어야지.' 여우가 꾀를 냅니다.
>
> "곰아, 네가 나무 위로 올라가 벌집을 따서 던져. 그러면 내가 받을게."
>
> 곰이 살금살금 나무 위로 올라갑니다. 그리고 꿀이 가득 들어 있는 벌집을 따서 아래로 던집니다. 여우가 벌집을 받아들고는 도망을 칩니다. 벌들이 여우를 쫓아가며 침을 쏘아 댑니다. 여우의 몸이 퉁퉁 부어오릅니다. 여우가 엉엉 소리내어 웁니다.

① 기본 내용과 주제를 파악했는지 질문하기

- 곰은 여우에게 무엇을 따서 나눠 먹자고 했나요? (꿀)
- 여우는 곰에게 나무에 올라가 무엇을 따서 던지라고 했나요? (벌집)
- 여우의 잘못은 무엇일까요? (혼자만 꿀을 먹으려고 욕심을 부린 것)

② 뒷이야기 상상 질문하기

- 벌침에 쏘인 여우는 엉엉 울었어요. 그 다음 어떤 일이 일어났을까요?

  (여우의 울음소리를 듣고 곰이 달려와 벌들을 쫓았습니다.)

성공하는 아이들의 7가지 습관 | 숀 코비/주니어김영사

성공을 위해 꼭 필요한 습관에는 무엇이 있을까요? 이 책은 그것이 인생에 대한 책임감을 느끼는 것, 계획을 세우는 것, 중요한 일을 먼저 하는 것, 모두 행복해지는 법을 찾는 것, 다른 사람의 말을 잘 듣는 것, 협동하는 것, 균형 잡힌 생활을 하는 것이라고 해요. 이들 습관이 잡히면 학습 습관도 매우 자연스럽게 잡힐 거예요.

노력 | 오은실/글고은

이 세상엔 열심히 사는 사람들이 참 많습니다. 이 책은 주인공 아이의 엄마와 할머니, 할아버지가 노력하는 모습을 동화로 엮어 보여 줍니다. 책 속 주인공처럼 아이도 이들의 모습을 보면서 자신의 일을 꾸준히 성실하게 해 나가면 짜릿한 성취감과 기쁨을 느낄 수 있다는 걸 알게 될 거예요.

전교 1등 어린이 시간 관리법 | 설보연/뜨인돌어린이

아이들 스스로 시간 관리를 하게 되기까지는 시간이 걸립니다. 처음에는 엄마가 많이 도와 주고 차차 아이의 자율적인 선택과 결정을 존중하면서 일정을 조절하고 자기 시간을 관리하게 해 주세요. 아이가 어려워하면 이 책을 틈틈이 보여 줍니다. 주인공이 5학년이라 좀 먼 감이 있지만, 시간표나 작은 팁들이 무엇인지 잘 설명해 주면 응용해 볼 수 있을 거예요.

성적 향상을 위한 마인드맵 | 토니 부잔/부잔코리아

마인드맵은 매우 효율적인 기록법이자, 기억법입니다. 그래서 마인드맵을 이용하여 공부를 하면 공부가 잘 될 수밖에 없어요. 그 비법을 아이에게 알려 주세요. 책에 나오는 용어나 표현이 아이에게 조금 어렵기 때문에 엄마와 함께 보도록 합니다. 처음부터 책 내용을 다 실행해 볼 필요는 없고 아이가 받아들일 수 있는 것부터 하나씩 적용해 보세요.

난 뭐든지 금방 싫증나! | 박비소리/씨앤톡

이것 했다 저것 했다 하면서 한 가지 일을 끈기 있게 못하면 그 어떤 활동에서도
성과를 내기 어려워요. 책 속 주인공 변덕이처럼요.
아이들이 이 책을 읽고 끈기와 인내의 가치를 배울 수 있을 거예요.

처음 공부 습관 | 4차원/개똥이책

초등학교 1학년 때의 처음 공부 습관이 평생 학교생활과 학습능력을 좌우한다는
믿음으로 만들어진 책이에요. 집에서 출발해 학교생활을 하고 다시 집까지 오는
길에 일어나는 아이들의 온갖 에피소드를 생활 동화로 엮어 아이들의 자연스러
운 공감을 이끌어 냅니다.

공부하는 난쟁이 | 앙리에트 비쇼니에/주니어김영사

아이들은 어떤 계기로 공부를 하게 될까요? 누가 무엇을 사 준다고 하면 하기도
하고, 스스로 공부의 재미를 알아 하기도 합니다. 전자를 외적 동기, 후자를 내적
동기라고 해요. 이 책의 난쟁이들은 처음엔 맛있는 음식을 먹기 위해 공부를 합
니다. 그러다가 차차 공부의 재미에 빠져 더 열심히 책도 읽고 연구도 하지요. 아
이들이 이 책을 읽으면 공부 자체가 참 기쁘고 즐거운 일임을 느끼게 될 거예요.

호기심 대장 1학년 무름이 | 원유순/아이앤원

아이들에게 이 세상은 묻고묻고 또 물어도 궁금한 것투성이예요. 아이들의 이런
물음을 소중히 여기고 하나씩 답을 해 주거나 함께 문제를 해결하는 과정을 겪다
보면 학습에 대한 동기도 높아진답니다. 책 속 주인공 무름이는 호기심이 많은
아이인데, 이 호기심 때문에 대단한 일들을 하게 되지요. 무름이처럼 호기심을
죽이지 않고 펼쳐 보일 수 있도록 합니다.

초등 입학 준비의 모든 것 : 입학 전 100일 + 입학 후 100일

좋아해야 잘 한다!
과목별 학습 지도법

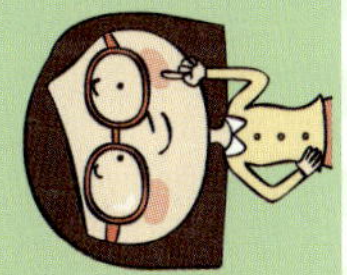

1 모든 과목의 바탕! 국어를 좋아하는 아이

　　국어는 우리말로 되어 있으니 쉬울 거라고 생각하는 경향이 있어요. 또 학원도 영어 학원이나 수학 학원은 많은데 국어 학원은 별로 없는 걸 보면 아이들이 국어 과목을 어려워하지 않는다고 생각할 수 있지요.

　　그런데 막상 학교에 들어가고 학년이 올라갈수록 국어 과목이 점점 어려워진다는 걸 알게 된답니다. 따라서 기초부터 착실히 다져 놓지 않는다면 나중에 고학년이 되어 큰 낭패를 볼 거예요.

　　사실 국어는 모든 학습의 기본이고 그 중요성을 아무리 강조해도 지나치지 않아요. 영어를 제외한 모든 과목은 다 우리말로 되어 있으니까요. 국어 실력이 없으면 다른 과목도 좋은 성적을 받기 어렵지요.

　　그럼 초등 입학 전 우리 아이에게 어떻게 국어를 좋아하는 마음을 갖게 만들 수 있을까요? 국어를 좋아한다는 건 다름 아닌 우리말의 우수성을 느끼고 그걸 활용하는 걸 즐거워하는 거예요. 따라서 어휘력과 표현력에 주목하여 우리말을 다양하게 활용할 수 있도록 합니다.

　　다른 사람의 말을 잘 듣고, 말도 잘 하고, 글도 잘 읽고, 잘 쓰는 능력이 바로 아이에게 길러져야 할 국어 능력이랍니다.

초등 국어, 어떻게 배우게 될까?

국어 공부에서 가장 중요한 것은 언어의 4대 영역인 듣기, 말하기, 읽기, 쓰기 능력을 골고루 발달시키는 것이지요.

그래서 초등학교 국어에서는 이들 영역을 아예 교과서로 만들어 『듣기 · 말하기』, 『읽기』, 『쓰기』 과목을 따로 가르치고 있어요. 이 중에서 『읽기』 과목이 가장 중요한데, 그 이유는 읽기 능력이 학습능력 발달과 가장 관련이 있고, 어휘력과 배경지식을 쌓는 데 도움이 될 뿐만 아니라 우리말과 글의 아름다움과 가치를 느끼게 해 주기 때문이에요.

알아두세요   국어에 대한 민감성을 기르는 엄마의 대화 전략

대화 예시	대화 전략
축구장에 오니까 사람들 응원 소리가 대단하지? 이렇게 큰 함성을 '하늘을 찌르는 소리'라고 말한단다.	일상생활 속에서 사건이나 상황에 맞는 낱말이나 표현을 말해 주어요.
떡시루가 뭘까? 호랑이와 두꺼비가 떡시루에서 떡을 쪘대. 그러면 아마 떡을 찌는 데 쓰는 그릇인가 봐.	책을 읽다가 모르는 낱말이 나오면 내용과 문맥을 헤아려 의미를 추론하게 해요.
점심에 뭘 먹으면 좋을까? 피자? 라면? 왜 그 음식이 좋은지 말해 보렴.	의견을 말하면 이유도 말하게 하여 논리적인 표현력을 길러 주어요.
책을 읽을 때 글쓴이랑 주인공이랑 이야기를 나눈다고 상상하렴.	능동적으로 읽도록 격려하고 자극해요.

1학년 국어, 어떤 내용을 배울까?

다음은 초등학교 1학년 때 배우는 내용이에요. 일상생활 속에서 말놀이를 하거나 여러 종류의 글을 다양하게 접해 볼 수 있도록 도와 주세요.

1 듣기
바른 자세로 듣기, 중요한 내용을 파악하면서 듣기, 내 생각과 비교하며 듣기

2 말하기
발음을 정확하게 하기, 바른 자세로 말하기, 나에 대해 말하기, 읽은 내용이나 들은 내용 말하기, 일어난 일 차례대로 말하기

3 읽기
흉내 내는 여러 가지 말들, 운율이 드러나는 동시, 일상생활을 소재로 한 짧은 이야기, 의인화된 동물 이야기, 위인전, 옛날이야기, 상상이나 환상의 이야기

4 쓰기
바르게 쓰기, 문장 부호의 쓰임 알기, 나의 생각 쓰기

:: **듣기** - 딴청 피우지 않고 바른 자세로 생각하면서 듣게 하기

:: **말하기** - 자신감 있는 태도 기르기, 듣는 사람을 보면서 말하게 하기, 차분히 생각하면서 말하게 하기

:: **읽기** - 쉬운 동시 암송시키면서 리듬감 느끼게 하기, 옛날이야기와 우화 읽고 기본적인 내용 정확히 파악하게 하기

:: **쓰기** - 글씨 연습시키기, 문장 부호 바르게 사용하는 법 알려 주기, 재미있는 표현을 넣어 글쓰기

작전 ❶ 손뼉으로 박자 치며 시의 운율 느껴 보기

시는 대부분의 아이들이 처음 접하게 되는 종류의 글일 거예요. 그 전에 보거나 읽은 적이 있던 아이라도 형식과 표현, 주제 등에 대해 공부한 적은 없을 거예요. 초등학교 1학년 때는 시의 운율을 가장 중요하게 다룬답니다. 운율은 시의 리듬을 말해요. 아이들이 운율을 느낄 수 있도록 소리 내어 읽어 보게 하고 박자를 찾아보도록 합니다.

1학년 1학기 4단원 읽기 '오는 길' 동시 활용

재잘대며/ 타박타박/ 걸어오다가
◎　○　　◎　○　　◎　○　◎○

앙감질로/ 깡충깡충/ 뛰어오다가
◎　○　　◎　○　　◎　○　◎○

깔깔대며/ 배틀배틀/ 쓰러집니다.
◎　○　　◎　○　　◎　○　◎○

(◎ : 강, ○ : 약)

앞서도 말했듯이 국어 영역 중에서도 읽기 영역이 가장 중요해요. 따라서 글을 읽은 후 좀 더 체계적으로 내용을 이해하고 주제를 찾을 수 있도록 해요.

1단계 글의 종류 찾기

글의 종류에는 시, 옛이야기, 우화, 동화, 설명하는 글, 주장하는 글, 전기문, 생활문 등이 있어요. 아이가 읽은 글이 어디에 속하는지 알려 줍니다.

2단계 주인공과 중심사건 또는 중심내용 찾기

동화나 이야기를 읽은 후에는 주인공이 어떤 일을 겪었는지 중심사건을 차례로 찾아봅니다. 설명하는 글이나 주장하는 글은 각 문단별로 중심내용을 찾아보세요.

3단계 주제 찾기

주제란 글쓴이가 하고 싶은 말을 뜻해요. 중심사건과 내용을 찾았다면 왜 이런 내용의 글을 썼는지 생각해 보도록 합니다.

4단계 줄거리 요약하기

책을 읽고 바로 줄거리를 요약하는 것이 아니라 주제를 찾은 뒤에 마지막으로 정리하는 것이 줄거리예요. 그래야 핵심적인 중요한 내용만 골라 정확하게 요약할 수 있으니까요.

5단계 상상하기

책의 내용에서 벗어나 주인공이 되어 보거나, 뒷이야기를 상상하거나, 나의 경험을 떠올려 말해 보는 자유로운 활동도 해 봅니다.

국어 공부는 벼락치기도 단순 암기도 통하지 않아요. 내용을 정확히 이해하고 어휘도 풍부히 알고 있어야 평생 성적이 보장되지요.

1단계 교과서 철저히 복습하기

국어는 예습이 그다지 중요하지 않아요. 미리 내용을 한 번 읽고 각 문단의 중심내용을 생각해 보는 정도면 괜찮아요. 하지만 수업 시간에 배운 내용은 완전히 이해하고 소화를 해야 하므로 교과서는 꼭 복습을 시킵니다.

2단계 전과로 다지고 문제집으로 확인하기

수업 시간에 배운 내용을 토대로 전과의 내용을 함께 공부하는 것이 좋아요. 이때 내용을 빠뜨리지 말고 꼼꼼히 읽고 잘 모르거나 이해가 가지 않는 부분은 꼭 표시해 두었다가 선생님께 질문해요. 내용에 대한 이해가 완벽히 되었을 때 문제집을 풀면서 확인합니다.

3단계 서술형 문제 대비하기

기본적인 공부가 끝난 뒤 서술형에 대비하여 중요한 내용들을 직접 글로 정리하고, 교과서나 문제집 등에 나와 있는 서술형 문제들도 다시 한 번 정확하게 써 봅니다.

4단계 어휘력과 독해력 쌓기

평소에는 독서를 통해 어휘력과 독해력을 기릅니다. 독서야말로 국어 공부의 바탕이라는 사실, 절대 잊어서는 안 돼요.

2. 할수록 똑똑해지는 공부! 수학을 좋아하는 아이

　　수학은 점점 싫어하게 되는 과목이라는 말이 있어요. 어렸을 때 조금 잘한다 싶어도 고학년, 중학생, 고등학생이 되어서까지 꾸준히 잘하는 경우는 드물지요.

　　다른 어떤 과목에 비해 수준 높은 사고력과 논리력이 요구되기 때문이에요.

　　원리에 대한 거의 완벽한 이해가 수반되지 않으면 조금만 문제가 꼬여도 풀기 어렵지요.

　　그래서 엄마들은 걱정이에요. 수학에 흥미는 고사하고 혹시 손을 놓게 될까 봐 전전긍긍하지요. 하지만 지금 시작한다면 학년이 올라가도 절대 그런 일은 없을 테니 안심하세요.

　　물론 아무리 어렸을 때부터 수학 공부를 시킨다 해도 모두 수학에 재능을 보이는 건 아니에요. 하지만 수학 성적을 올리고 자발적으로 수학 공부를 하는 습관은 들일 수 있답니다.

　　수학에 대한 친근감이 들도록 수학적 개념이나 수학자의 이야기를 들려 주고, 문제를 읽는 법, 계산하는 법, 그림으로 그려 이해하는 법 등을 알려 주면 아이는 수학에 자신감을 갖게 되고 두려움이 사라질 거예요.

초등 수학, 어떻게 배우게 될까?

수학 공부에서 제일 중요한 것은 개념과 원리를 먼저 이해하고, 그것을 적용하여 문제를 푸는 거예요.

그래서 초등학교 수학에서는 『수학』 교과서를 통해 개념과 원리의 이해를 돕고, 『수학익힘책』으로 활용 능력, 문제풀이 능력을 기른답니다. 보통 수업 시간에는 『수학』 교과서로 진도를 나가고, 『수학익힘책』은 문제 위주로 구성되어 있어서 과제로 내지요.

수학을 좋아하게 만드는 엄마의 대화 전략

대화 예시	대화 전략
지금이 몇 시지? 우리 집부터 마트까지 얼마나 걸릴까?	일상생활 속에서 거리, 시간, 날짜 등 수학적인 대화를 종종 나눠요.
네 생일은 3월 25일이지. 각 자리의 수를 다 더해 보렴. 3+2+5는? 바로 10이야! 정말 멋진 숫자야!	생일이나 기념일의 숫자를 더하고 빼서 의미를 부여해요.
우리 집은 수학으로 가득 차 있어. 시계는 사각형이야. 컵은 모두 5개이고!	수학이 매우 가까운 곳에 있음을 일깨워 주어요.
숫자 중에서 제일 늦게 발명된 숫자가 뭔 줄 아니? 바로 '0'이야. 인도 사람들이 생각해 냈대.	흥미로운 수학 이야기를 들려 수어요.

1학년 수학, 어떤 내용을 배울까?

다음은 초등학교 1학년 때 배우는 내용이에요. 우리 아이에게 앞으로 어떤 수학적 기초 개념이 필요한지 확인해 보고 아래의 방법으로 집에서 간단히 연습해 보세요.

1 **수 읽기**
1부터 100까지의 수를 읽고 쓸 수 있나요?

2 **묶음 세기**
2개씩, 5개씩, 10개씩 묶어서 셀 수 있나요?

3 **두 수 더하기와 빼기**
10이 넘지 않는 두 수를 더하거나 뺄 수 있나요?

4 **두 수 비교하기**
두 수의 크기를 비교할 수 있나요?

5 **여러 가지 모양 익히기**
기본 도형을 알고 있나요?

6 **도형 측정하기**
길이, 높이, 들이, 무게, 넓이가 무엇인지 알고 있나요?

:: **수 읽기** - 1부터 100까지 아라비아 숫자로도 읽어 보고, 우리말로도 읽어 보기

:: **묶음 세기** - 콩을 100톨 미만으로 준비하여 둘씩, 다섯씩, 열씩 묶어 빨리 세기

:: **두 수 더하기와 빼기** - 10톨 미만의 콩을 준비하여 더하기와 빼기 활동하기

:: **두 수 비교하기** - 비교 부호의 쓰임을 알고, 우리말로 읽기

예 "8 〉2 : 8은 2보다 크다." "2 〈 7 : 2는 7보다 작다."

:: **여러 가지 모양 익히기** - 여러 가지 모양의 삼각형, 사각형, 원 그리기

:: **도형 측정하기** - 길이, 높이, 들이가 무엇인지 알기, 물건의 무게 비교하기, 도형의 넓이 비교하기

작전 ① 수학놀이로 숫자에 흥미 붙이기

숫자와 수에 흥미를 갖게 되면 수학에도 자연스럽게 흥미가 생기지요. 특정한 수의 패턴을 발견하는 게임은 아이들의 흥미를 돋우는 데 매우 적합해요. 어떤 규칙으로 수가 커지는지 스스로 발견하게 되면 수학에 자신감이 생기지요.

엄마가 특이한 수를 보여 줄게. 진짜 이상하고 특이해.

어떤 수인데요? 100? 200?

자, 그림을 그릴 테니까 네가 다음 그림을 그려 봐.

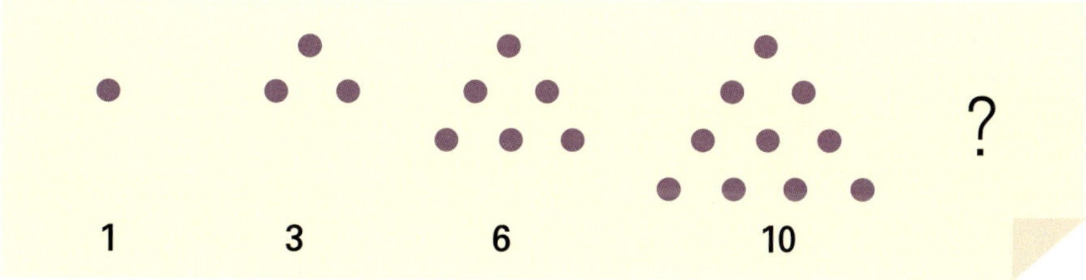

이 점들을 자세히 보면 어떤 모양이야?

삼각형 모양이에요.

그럼 삼각형을 이루는 점들이 몇 개인지 세어 그 아래 적어 보렴.

1, 3, 6, 10.

10 다음에 삼각형을 그려 볼까? 그리고 점이 몇 개야?

15개예요.

맞았어! 정말 잘 그렸어. 이게 바로 '삼각수'란다. 15는 다섯 번째 삼각수야. 그럼 여섯 번째 삼각수는 뭘까?

음, 21이에요!

수학 선행보다 더 중요한 것은 수학 언어와 표현법을 익히는 거예요. 예를 들어 더하기의 개념은 알고 있는데, 이를 표현하는 방식이나 문장제 문제로 주어졌을 때 내용을 파악하지 못하면 마치 모르는 문제처럼 틀리고 말지요.

❶ 그림을 수식으로 나타내기

수학 교과서를 보면 그림이나 표가 아주 많이 나와 있어요. 이걸 제대로 이해하지 못하면 수학은 한없이 어려워지지요. 따라서 물건을 가지고 더하기 빼기를 할 때 반드시 수식으로 써 보게 합니다. 반대로 덧셈과 뺄셈 수식이 있다면 이를 그림으로 표현하거나 문장으로 만들어 보게 합니다.

❷ 수학 기호의 쓰임 정확히 알기

'수학은 기호' 라는 말이 있어요. 기호의 쓰임을 정확히 이해하지 못하면 개념이나 원리를 이해하기 힘들기 때문에 수학 기호를 정확히 알아야 해요.

〈초등 1학년 때 알아야 하는 수학기호〉

- $+$: 더하기. 두 수를 합하라.
- $-$: 빼기. 큰 수에서 작은 수를 제하라.
- $=$: 왼쪽의 값과 오른쪽의 값이 같다.
- $>$: 왼쪽의 값이 오른쪽의 값보다 크다.
- $<$: 왼쪽의 값이 오른쪽의 값보다 작다.
- □ : 아직 모르는 값. 구해야 하는 값

❸ 문제를 풀고 나서 말로 설명하기

문제를 풀고 난 뒤 말로 설명하게 하면 문제에 대한 이해도가 높아지고 수학적인 사고도 더 깊어집니다. 또 발표력도 향상되고요.

수학 공부에는 왕도가 없어요. 문제풀이 요령을 익힌다고 잘할 수 있는 과목이 아니지요. 정직한 방법만이 평생 수학 성적을 장담할 수 있답니다.

1단계 예습은 교과서, 복습은 문제집

교과서를 통해 먼저 개념과 원리를 정확히 이해해야 해요. 따라서 예습을 할 때 교과서를 사용하세요. 그리고 문제집은 중 난이도의 문제집과 중상 난이도의 문제집 두 권을 준비하여 복습을 할 때 활용합니다.

- 평상시 : 교과서 예습 → 수업 → 중상 난이도 문제집 복습
- 시험 때 : 교과서 → 중 난이도 문제집 풀이 → 중상 난이도 문제집 오답 풀이

2단계 문제를 읽을 때 밑줄 긋기

문제를 정확히 파악하고 정확히 읽기 위해 문제의 포인트가 되는 부분, 특히 숫자가 나오는 부분을 밑줄 긋게 하거나 동그라미를 치게 하세요.

3단계 문제풀이는 연습장에 바르게 정리

수학은 식의 흐름을 한눈에 볼 수 있는 방법으로 정리가 되어야 해요. 그래야 나중에 어떤 문제를 보든 습관적으로 머릿속에 즉시 문제 푸는 방법이 떠오르지요.

4단계 오답 정리는 오리고 붙여서

오답 노트를 만들 땐 틀린 문제를 오려서 오답 노트에 붙이고 그 아래 문제풀이를 해 보도록 합니다.

3 슬기로운 생활을 위해!
과학·사회를 좋아하는 아이

초등학교 1학년 때 과학과 사회 수업은 있을까요, 없을까요?

과목은 없지만 수업은 있답니다. 바로 '슬기로운 생활' 수업이에요.

'슬기로운 생활'은 말 그대로 지적인 삶의 바탕이 되는 과학, 사회의 기초를 담은 과목이라고 볼 수 있어요.

그런데 저학년에서 다루는 사회·과학, 즉 슬기로운 생활은 그 범위가 좁고 내용이 쉬워 방치하기 쉬워요. 하지만 고학년으로 올라갈수록 사회, 과학은 내용 자체도 딱딱해지고 어려워져서 많은 아이들이 포기를 해 버리기 일쑤지요.

그럼 결론은 하나! 많은 경험과 탐구학습을 통해 지식과 상식을 쌓고 기초를 탄탄하게 다져야 해요. 1학년 '슬기로운 생활'이 당연히 그 출발점이 되겠지요?

사회와 과학 과목은 자연현상이나 어떤 사회 현상을 직접 보고 듣는 체험 활동을 통해 문제를 파악하고 스스로 해결하는 능력을 기르는 데 그 목적이 있답니다. 따라서 1학년 때 이러한 태도를 심어 주는 게 사회와 과학을 좋아하게 만드는 비결이에요.

초등 과학·사회, 어떻게 배우게 될까?

초등학교에서 과학과 사회 과목을 본격적으로 배우는 학년은 3학년이에요. 그 전까지, 즉 1학년과 2학년까지는 『슬기로운 생활』 안에 두 과목이 통합되어 있지요. 그러다가 3학년 때 분리되면서 과학이 조금 어려워져요. 그리고 4학년 때는 사회가 어려워지지요.

1학년과 2학년 때 배우는 『슬기로운 생활』에는 주변 생활과 주변 환경 중심으로 기초적인 내용이 담겨 있어요. 그러다가 3학년, 4학년이 되면서 원리나 법칙, 전문 용어와 개념을 배우게 되면서 조금씩 이려워진답니다.

과학과 사회를 좋아하게 만드는 엄마의 대화 전략

대화 예시	대화 전략
나뭇잎 좀 봐. 모양이 다 다르네.	자연물이나 자연현상을 자세히 보도록 함으로써 관찰력을 길러요.
물고기들이 여름에는 강 위로 뛰어오르지? 그건 날이 더우면 산소가 물속에 잘 녹지 못하기 때문이야.	일상생활 속에 과학 원리가 숨어 있다는 걸 말해 주어 탐구심을 갖게 해요.
우리 동네엔 경찰서, 병원, 은행, 마트가 다 있어서 참 편리한 것 같아.	자신과 자신이 속한 사회에 자연스럽게 관심을 갖게 해요.
다른 나라 사람들은 어떤 집에서 살까? 또 우리 조상들은 옛날에 어떤 집에서 살았을까?	시간과 공간을 초월하여 점점 세계와 역사에 관심을 갖게 하고 지금과 비교하게 해요.

1학년 슬기로운 생활, 어떤 내용을 배울까?

다음은 초등학교 1학년 때 배우는 내용이에요. 아이가 어떤 과학과 사회 기초 개념을 배우는지 확인해 보고 아래의 방법으로 준비하세요.

〔과학 분야〕

1 계절의 변화 : 봄, 여름, 가을, 겨울의 특징과 변화

2 사람의 몸 : 몸의 여러 가지 기관과 기능

3 하루의 변화 : 아침, 낮, 저녁의 변화와 특징

4 우리 주변의 물건 : 여러 가지 도구와 사용법

〔사회 분야〕

1 계절에 따른 생활 : 봄, 여름, 가을, 겨울 생활의 각 특징

2 나의 하루 생활 : 하루 일과

3 가족 : 가족 행사와 친척 관계

:: **계절** : 계절의 특징과 그에 따른 우리 생활 관련짓기

:: **사람의 몸** : 몸의 각 기관의 생김새 살펴보기, 기능 알기, 미각과 맛 알기

:: **하루** : 해의 위치와 변화 관찰하기, 나의 하루 일정 확인해 보기

:: **도구** : 집에 있는 여러 가지 물건, 특히 손도구들의 쓰임과 기능 알아보기

:: **가족** : 가족 관계와 가족 행사 알아보기

작전 ❶ 주변 관찰로 과학 호기심과 탐구심 기르기

과학은 현상을 깊이 탐구하여 자연 원리를 밝히는 학문이므로 체험을 할 때 대충 하는 것이 아니라 관찰하고 기록하고 분석할 수 있도록 해 주세요. 다음의 체험을 통해 과학 공부의 기초 능력을 길러 보세요.

❶ 공원과 약수터 체험

근처 공원이나 약수터에 가서 식물의 모습을 자세히 관찰하도록 합니다. 또 계절에 따라 나무의 모습이 어떻게 달라지는지도 확인시켜 주세요. 그리고 그 내용을 일기에 적어 보거나 사진을 찍어 정리해 두면 아주 좋습니다. 궁금한 점은 꼭 책이나 백과사전을 찾아 바로 해결해 보아야 해요.

❷ 날씨 체험

매일 날씨 변화를 관찰하고 기록할 수 있도록 해 주세요. 신문의 날씨 부분을 오려서 붙여도 좋고, 아니면 TV 뉴스에서 일기예보를 눈여겨 보았다가 기온, 풍향, 날씨 등을 참고하여 기록합니다.

❸ 인체 체험

자기 몸을 자세히 관찰하게 하거나 인체 체험전을 관람하여 우리 몸에 대한 관심을 높이고 지식을 쌓도록 합니다.

❹ 기타 체험

자연사 박물관, 발명품 박물관, 과학 전시관, 천문 과학관, 기상청 등을 견학하여 여러 가지 과학 체험을 해 봅니다. 특히 자연사 박물관은 과학 중에서도 생물 분야와 관련하여 풍부한 지식을 제공하니 몇 번 가서 꼼꼼히 견학할 수 있도록 해 주세요.

사회 과목을 위한 체험은, 나를 중심으로 하는 체험에서 시작하여 점점 마을, 지역사회, 우리 나라, 세계로 나아가는 체험을 하는 것이 좋아요. 그 중에서도 입학 전에 다음의 체험 정도는 꼭 해 봅니다.

❶ 우리 가족 체험

아이를 중심으로 조부모, 부모형제, 이모, 삼촌, 고모, 이종사촌, 고종사촌 등의 관계를 관계도를 통해 알아보세요. 또 가족 행사나 기념일에는 어떤 것들이 있는지 찾아봅니다.

❷ 우리 동네 체험

아이가 다니게 될 학교를 미리 가 보고, 또 우리 동네에는 어떤 기관과 장소가 있는지 탐방해 봅니다. 탐방이 끝나고 학교와 우리 집을 중심으로 지도를 만들어 보면 매우 좋아요.

❸ 우리 지역 체험

동네에서 좀 더 확장하여 지역 사회 체험을 떠나 봅니다. 동네 체험에서 동사무소를 찾아가 보았다면 지역 체험에는 구청과 시청, 또는 도청 등을 탐방해 보세요. 또 시립도서관, 시립공원, 식물원, 박물관도 있으면 함께 둘러 봅니다.

❹ 그 외 체험

우리 나라의 각 시도를 다니며 특색이나 특산물을 체험해 보고, 유적지와 문화재도 함께 둘러봅니다. 또 곳곳에 있는 박물관도 견학하면서 역사 체험도 함께 해 보며 나중에 배울 역사 분야의 배경지식을 조금씩 길러 주세요.

과학과 사회 공부의 승패는 배경지식과 개념 이해 및 용어 풀이에 달려 있습니다. 이를 위해 다음의 단계별 공부법을 몸에 익힐 수 있도록 해 주세요.

1단계 관련 도서로 배경지식 기르기

평상시에는 체험 학습을 가기 어렵기 때문에 관련 도서나 백과사전을 읽고 배경지식을 길러 봅니다.

2단계 교과서 꼼꼼히 공부하기

교과서에 있는 내용을 꼼꼼히 이해합니다. 먼저 학습목표를 읽고, 본문 내용을 추론하는 질문을 확인한 다음, 새로운 용어나 개념 중심으로 본문을 읽어요. 그림이나 도표, 그래프가 나오면 자세히 분석하고, 마지막으로 단원문제를 풀어요.

3단계 참고서로 폭넓은 공부하기

교과서 공부가 완전히 끝난 후 전과를 보면서 교과서에 나오지 않았지만 각 단원 공부 시 참고가 될 만한 내용들을 보며 보충합니다. 교과서 내용이 일목요연하게 정리된 것도 볼 수 있어 좋아요.

4단계 암기하며 노트 정리하기

주요 개념과 내용을 암기한 다음 노트에 깔끔하게 정리하면서 다시 확인하도록 해요.

5단계 교과서 퀴즈 내기와 문제집 풀기

엄마가 교과서 내용을 퀴즈로 내 아이에게 맞히게 합니다. 그런 다음 아이 스스로 문제집을 풀게 하면 과학과 사회 공부는 완벽하게 끝나는 것입니다.

4 바른 생활 리더를 위해! 도덕을 좋아하는 아이

우리 아이는 다른 친구를 배려하고 그 친구와 더불어 하는 활동들을 즐겁게 하나요? 아니면 자기 생각만 옳다고 우기거나 혼자만 무언가를 차지하려는 이기적인 태도를 가지고 있나요?

요즘 아이들 교육에서 중요하게 여기는 것 중 하나가 바로 인성이에요. 인성이란 사람으로서의 됨됨이를 말하는데, 인성이 발달한 아이는 도덕성과 사회성도 함께 발달하지요.

학교에서 배우는 과목 중에서 인성과 도덕성, 그리고 사회성과 직접적인 관련이 있는 과목은 바로 '도덕'이에요. 그런데 1학년 때는 '바른 생활' 과목으로 되어 있지요.

인성과 도덕성이 발달한 아이는 미래의 리더로도 손색이 없답니다. 지적 능력이나 학식보다 다른 사람을 위하는 태도와 그들과 협력하는 자세를 가지고 있는 사람이 21세기에 맞는 리더니까요.

그렇다면 '바른 생활' 공부도 내용이 뻔하다고 생각하지 말고 아이의 마음의 그릇을 넓히는 데 초점을 맞추어 지도해 봅니다.

초등 도덕, 어떻게 배우게 될까?

초등학교 1학년은 도덕을 『바른 생활』 교과로 공부해요. 그리고 실천하는 의지를 다져 주는 보조 교과로서 『생활의 길잡이』가 있지요.

『바른 생활』은 나를 중심으로 조금씩 범위를 넓혀 가며 가정, 학교, 공공장소 등에서 지켜야 할 규칙들을 알고 실천하도록 하는 내용을 담고 있어요. 초등학교 도덕 교과는 고학년 때도 비교적 쉬운 편인데, 중학교부터는 조금씩 어려워져요. 철학적인 내용과 도덕 사상들이 많이 나오기 때문이에요. 그래서 어렸을 때 도덕 사상과 관련한 책은 만화로 된 것부터 시작해서 꾸준히 읽히도록 합니다.

도덕을 좋아하고 도덕성을 기르는 엄마의 대화 전략

대화 예시	대화 전략
동생에게도 조금 나눠 주자. 그럼 동생이 정말 좋아할 거야. 엄마는 무척 기쁠 테고.	나누는 것의 기쁨과 가치를 일깨워 주어요.
친구가 다쳤구나. 그럼 너는 어떻게 그 친구를 도울 수 있을까?	다른 사람을 어떻게 도울 수 있는지 더불어 사는 방법을 고민하게 해요.
학교에 가면 화장실이나 수돗가에서 왜 줄을 서야 할까?	공동체 생활을 할 때, 왜 규칙과 차례를 지켜야 하는지 스스로 생각해 보세요.
우리 돈 천 원이랑 오천 원짜리에 나온 분들 알지? 퇴계 이황과 율곡 이이야. 나중에 중학생 되면 배울 거야.	도덕 사상과 도덕 사상가에 대한 친근감을 길러 주어요.

1학년 바른 생활, 어떤 내용을 배울까?

다음은 초등학교 1학년 때 배우는 내용이에요. 아이가 어떤 심성과 태도가 길러 져야 하는지 미리 살펴보고 집에서도 도덕 교육에 힘써 봅니다.

1 주인의식 : 시키지 않아도 자기가 할 일을 알아서 하기

2 생활 습관 : 몸을 깨끗이 하기, 정리 정돈 잘하기

3 생활 예절 : 인사 잘하기, 바르게 식사하기

4 공동체 의식 : 차례 지키기, 공공 물건 소중히 하기, 공공장소에서 매너 지키기

5 환경 보호 : 환경 보호하기

6 애국심 : 우리 나라에 대해 알기, 우리 나라에 대해 자부심 갖기

:: **주인의식** – 알아서 옷을 입고 책가방과 준비물 챙기기, 학교를 집이라 생각하고 깨끗이 생활하고 어지럽히지 않기

:: **생활 습관** – 아침과 저녁으로 잘 씻기, 물건 제자리에 정돈하기

:: **생활 예절** – 선생님, 친구들, 이웃을 만나면 꼭 인사 나누기, 식사를 할 때 감사의 인사하고 조용히 먹고 남기지 않기

:: **공동체 의식** – 놀이터, 화장실, 수돗가에서 차례 지키기, 학급 물건과 학교 물건 아껴 쓰고 소중히 다루기, 공공장소에서 소리 지르지 않고 뛰어다니지 않기

:: **환경 보호** – 주변의 자연 보호하기, 에너지 절약하기

:: **애국심** – 태극기, 무궁화, 호랑이, 우리 나라 지도 등에 대해 알기

작전 ① 공공질서와 규칙을 지켜야 하는 이유

우리는 혼자서는 살 수 없고 여럿이 함께 모여 살아야 하기 때문에 규칙을 지켜야 합니다. 아이가 어렸을 때부터 공동체 의식을 갖도록 그 중요성과 필요성에 대해 알려 주세요.

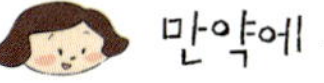 만약에 무인도에서 혼자 살면 좋은 점이 뭘까?

 내 마음대로 할 수 있는 거요!

 그렇겠다. 누구 시키는 사람도 없고 벌 주는 사람도 없을 테니까 마음대로 해도 되겠구나. 정말 신나겠다, 그치?

 그런데 나쁜 점도 있어요. 혼자 있으면 심심하잖아요.

 정말 그러네. 혼자 있으면 심심하지. 또 나쁜 점 있니?

 무서운 거?

 그래. 무서운 동물이 나타나면 혼자서는 이길 수 없으니까 무섭지.
무인도에 혼자 살면 좋은 점 나쁜 점이 다 있구나.
그럼 너는 무인도에서 살고 싶니?

 아니요. 무인도에 혼자 사는 건 안 돼요.

 무인도에 혼자 살고 싶은 사람은 없을 거야. 여럿이 함께 모여 살아야 재미도 있고 위험하지도 않고 필요한 것도 그때그때 얻을 수 있으니까.
그런데 여럿이 살면 지켜야 하는 게 있지?

 질서를 지켜야 해요.

 맞아. 또 욕심을 너무 많이 부려서도 안 돼. 여럿이서 즐겁고 안전하게 사는 대신 서로 피해를 주면 안 되고 배려하고 도우면서 살아야지.

도덕성을 기르는 가장 좋은 방법은 공공활동에 직접 참여해 보게 하는 것입니다. 이런 경험을 통해 아이는 점점 자기중심적인 사고에서 벗어나 이웃과 사회, 자연과 세계에 점점 관심을 갖게 될 거예요.

그리고 이런 활동을 꼼꼼히 기록해 두면 나중에 상급학교 진학 시 아이의 인성과 사회성을 증명할 수 있는 좋은 증거자료로도 쓰일 수 있답니다.

❶ 아이 이름으로 기부하기

기부는 좀 더 좋은 사회를 만들기 위해 할 수 있는 가장 소극적인 방법 중의 하나예요. 기부를 하기 전에 왜 누구에게 기부를 하는지 충분히 이야기를 나눠 봅니다. 그런 다음 단체와 기부액을 정해 가입을 하면 됩니다.

빈곤 퇴치 및 재난과 재해 극복을 위한 구호 단체에는 월드비전, 굿네이버스, 국제기아대책기구, 한국사랑의집짓기운동본부, 유니세프, 세이브더칠드런코리아 등이 있어요.

❷ 봉사활동 하기

보육원이나 양로원 봉사는 아직 이를 수 있어요. 공공도서관 같은 곳에서 책을 정리하는 등의 봉사를 계획하거나 환경 단체에 가입하여 환경 보호 봉사를 해 봅니다.

❸ 세계적인 공공 캠페인 참여하기

세계야생동물기금(WWF)에서 해마다 3월 말에 주최하는 "지구 시간(Earth Hour)" 캠페인에 동참해 보세요. 오후 8시 30분부터 1시간 동안 전등을 끄는 이벤트인데, 지구온난화와 기후 변화에 대한 경각심을 일깨울 수 있어요.

도덕 공부의 성과는 도덕적 사고나 지식이 아니라 그것을 얼마나 잘 행하느냐에 달려 있어요. 따라서 도덕 공부를 할 때 이 점도 상기시켜 주세요.

1단계 교과서 내용 공부하기

교과서에 나오는 용어의 뜻을 먼저 익힌 다음, 일화 중심의 이야기를 읽고 왜 그렇게 행동하고 생각해야 하는지 까닭을 알도록 해요. 그리고 일화의 주인공이 만약 나라면 어떻게 했을지 상상해 보고 자신을 반성해 보도록 해요.

2단계 각 단원의 주제로 이야기 꾸미기

하나의 주제로 다양한 형식(만화, 그림, 글, 동시)의 이야기를 꾸미는 활동을 통해 실천의 중요성을 깨닫게 해요.

3단계 역할놀이를 통해 실천의지 다지기

바람직한 행동과 그렇지 않은 경우를 역할 놀이로 해봄으로써 앞으로의 실천 방향을 스스로 결정할 수 있도록 해요.

4단계 문제 풀기

문제집을 풀어보게 하여 문제의 유형도 알고, 실천을 위해 우선 바른 인지를 하고 있는지 점검해요.

5단계 반성의 일기 쓰기

일기를 쓸 때, 알고 있는 도덕 규칙이나 예절에 맞게 하루를 보냈는지 되돌아보는 내용을 덧붙이도록 해요. 그러면 자연히 자신의 행동을 반성할 수 있고, 점점 도덕적인 아이가 되어 간답니다.

5 즐거운 생활을 위해! 예체능을 좋아하는 아이

아이가 혹시 학교생활을 지루해하거나 재미없어 할까 봐 걱정인가요? 아이가 학교에서 친구들, 선생님과 즐겁게 생활하는 것은 모든 엄마들의 소망일 거예요. 즐거운 마음으로 적극적으로 학교생활을 하는 아이가 친구들 사이에서도 인기가 많고 선생님도 관심을 갖게 마련이지요. 몸과 마음이 건강한 아이, 감수성이 풍부한 아이가 어른이 되어서도 스트레스에 잘 대처하면서 제 몫을 100% 이상 해낼 수 있답니다.

아이에게 이런 태도를 길러 줄 수 있는 과목이 바로 '즐거운 생활'이에요. '즐거운 생활'은 즐거운 놀이와 활동을 통하여 몸과 마음을 건강하게 하고 창의적인 표현 능력과 감상 능력, 심미적 태도를 기르는 데 목적이 있어요.

예체능을 좋아하고 스스로 즐길 줄 아는 아이는 분명 다른 교과도 즐겁게 할 수 있을 거예요. 흥겹고 신명 나는 마음으로 스트레스를 최대한 줄이며 공부할 수 있을 테니까요.

과거 예체능을 경시했던 태도에서 벗어나 좀 더 적극적이고 능동적으로 이 과목들을 즐길 수 있도록 도와 주세요.

초등 예체능, 어떻게 배우게 될까?

초등 1학년 『즐거운 생활』은 음악, 미술, 체육을 통합한 교과예요. 신체활동과 놀이를 통해 심신을 단련하고, 자신의 생각과 느낌을 마음껏 창의적으로 표현해 내도록 하기 위해 재미있고 다양한 음악 활동, 미술 활동을 포함하고 있어요.

이 교과는 온 마음을 다하여 즐겁고 자신 있게 표현하는 것이 중요한 만큼 아이에게 잘하기를 기대하는 것보다 자신감을 심어 주고, '활동의 장'을 열어 주는 것이 중요해요.

알아두세요 **음악, 체육, 미술을 좋아하게 만드는 엄마의 대화 전략**

대화 예시	대화 전략
노래를 부를 땐 입 모양을 크게 하면 떨리지 않아.	음악에서 자신감이 중요하다는 것을 말해 주어요.
달릴 때도 무조건 빨리 달리려고만 하지 말고 어떤 자세로 달릴지 잘 생각해야 한단다.	운동을 할 때 자세의 중요성을 강조해요. 그리고 좋은 자세를 머릿속으로 그려 보게 해요.
아주 유명한 피카소라는 화가가 있는데, 어린이의 그림이 가장 훌륭한 그림이라고 말했대. 솔직하게 그렸기 때문이야.	미술에서 중요한 건 꾸미지 않고 솔직하게 표현하는 것임을 말해 줘요.
너의 생각이나 느낌을 노래, 무용, 그림으로 표현할 수 있어.	음악, 체육, 미술은 표현 활동의 하나임을 알게 해요.

1학년 즐거운 생활, 어떤 내용을 배울까?

다음은 초등학교 1학년 때 배우는 내용이에요. 수업을 즐겁게 받을 수 있으려면 어떤 재능이 갖춰져 있어야 하는지 확인해 보세요.

〔음악〕

1 음표와 박자, 장단 익히기

2 악보 보면서 노래 부르기

3 동요와 전래 동요 부르기

〔미술〕

1 그리기 : 내 모습, 경험한 일, 계절별 활동, 학교 행사, 가족 등

2 만들기 : 탈, 악기, 카드 등

3 종이접기 : 비행기, 배, 부채 등

〔체육〕

1 여러 가지 놀이하기

2 움직임이나 동작 흉내 내기

3 단체 운동하기

:: **음악** – 계이름, 음표, 박자, 장단 익히기

:: **미술** – 사람 얼굴, 표정, 행동 재미있게 그리기, 종이를 오리고 접는 것 지도하기

:: **체육** – 달리기, 줄넘기 지도하기

작전 ❶ 악보 보기의 기초

초등학교 입학 전에는 엄마와 함께 입을 맞추어 율동과 함께 노래를 불렀다면, 이젠 직접 악보를 보면서 노래를 부르도록 해 주세요. 이를 위해서는 오선지와 함께 음표와 음계, 박자, 장단 등을 가르쳐 주어야 해요.

❶ 콩나물 같은 여러 가지 음표

♬(16분음표) → ♪(8분음표, ♪+♪)
→ ♪.(점8분음표, ♪+♪) → ♩(4분음표, ♪+♪, ♫)
→ ♩.(점4분음표, ♩+♪) → ♩(2분음표, ♩+♩)
→ ♩.(점2분음표, ♩+♩)

❷ 한 마디에 음표가 몇 개 들어가는지 알려 주는 박자

- $\frac{2}{4}$: 4분음표가 한 마디에 2개 들어 있는 박자로 부르기

- $\frac{3}{4}$: 4분음표가 한 마디에 3개 들어 있는 박자로 부르기

- $\frac{4}{4}$: 4분음표가 한 마디에 4개 들어 있는 박자로 부르기

❸ 멜로디를 알려 주는 일곱 가지 음계

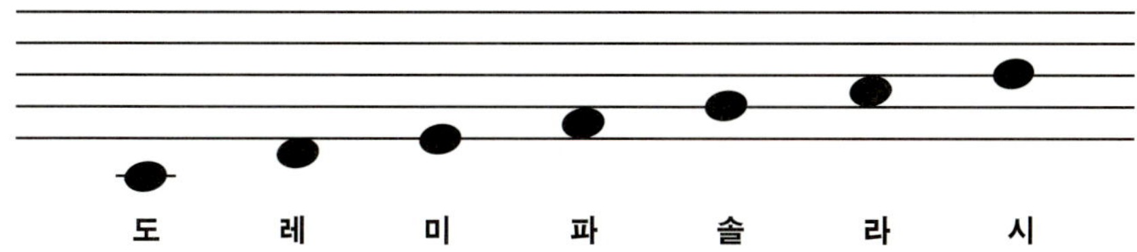

활동량이 많고 성장기인 초등학교 때의 체육은 '평생의 키와 건강'을 좌우하는 중요한 활동이랍니다. 체육 시간에 하는 모든 운동은 유산소 운동이면서 키를 쑥쑥 자라게 하고 몸의 평형과 뼈와 근육 발달에 아주 좋아요.

그 중에서 '줄넘기'는 돈이 들지 않는 보약과도 같아요. 그래서 많은 초등학교에서는 줄넘기 급수제를 두거나 하여 학년별로 달성해야 할 개수와 마스터해야 하는 방법을 정해 모든 아이들이 참여하게 하고 있지요.

1학년에게는 조금 어렵지만 학교에 가서 멋진 실력을 뽐낼 수 있도록 조금씩 준비를 시켜 봅니다. 줄넘기를 잘하기 위해서는 다음과 같은 기본 요소가 갖춰져 있어야 해요.

1단계 줄넘기 선택하기

줄넘기는 자기 몸에 잘 맞는 것으로 선택하되 보통 줄넘기를 발에 대고 자기 배꼽에서 가슴 사이 길이를 고르면 돼요.

2단계 기본자세 익히기

줄을 넘을 때는 양 팔을 너무 벌리지 않고 거의 몸에 붙게 하여 손목을 가볍게 돌리고, 발은 최대한 땅에서 많이 떨어지지 않게 앞꿈치를 이용해서 살짝 넘으면 된답니다. 줄을 돌려 넘을 때와 발을 땅에서 뗄 때 타이밍을 맞힐 수 있도록 합니다.

3단계 매일 조금씩 훈련하기

처음부터 10개니 50개니 너무 큰 욕심부리지 말고, 두 개를 이어서 성공하는 데 목적을 두고 차차 개수를 늘려 나갑니다.

예체능 과목들은 모두 과정을 즐길 수 있도록 해 주어야 합니다. 그래야 자신이 소질이 없거나 재능이 없다고 느껴져도 중간에 포기하지 않고 끝까지 할 테니까요. 이를 위해 어떤 마음과 자세가 필요할까요?

❶ 끝까지 하는 끈기

처음에는 설레는 마음으로 잘해보겠다고 다짐을 하지만, 시간이 흐르면서 점점 나태해지고 포기하고 싶기도 하지요. 하지만 잘하고 못하고를 떠나서 처음 목표를 이루었을 때 느끼는 성취감은 정말 짜릿해요. 따라서 꾸준히 할 수 있도록 옆에서 응원해 주고 격려해 주세요.

❷ 최고보다 최선을!

아이에게 1등을 바라지 말고 무엇이든 적극적으로 참여하고, 하는 동안 최선을 다하라고 말해 주세요. 그리고 다 해냈을 때는 칭찬을 아끼지 마세요.

❸ 자신 있게 할 수 있는 특기 계발

아이가 가장 흥미 있어 하고 남들보다 잘하는 것이 무엇인지 일찍 발견하면 진로 선택에도 도움이 돼요. 어느 분야에서 특출한 소질을 보일지 모르기 때문에 여러 가지 활동의 장을 열어 주세요.

❹ 편하고 부담 없는 마음

예체능에 소질이 없다며 스트레스를 받는 아이들도 많이 있는데, 그럴 필요 없이 스트레스를 푼다는 생각으로 임하도록 해요.

나의 첫 국어사전 | 채인선/초록아이

초등학교에 들어가면서부터 다양한 읽기자료를 접하게 되면서 아이의 어휘력도 급속도로 늘고, 모르는 낱말도 많이 생깁니다. 이럴 때 좋은 국어사전 하나 정도 옆에 있으면 참 도움이 되겠지요. 이 책은 그림과 동시 등을 섞어 아이들 눈높이에 맞게 쓴 사전입니다.

자신만만 초등 국어 | 김은경/아이즐

아이의 국어 실력의 기초가 되는 맞춤법, 표준어, 우리말 어휘, 외국어와 외래어, 표준 발음, 띄어쓰기와 원고지 쓰는 법 등에 대해 나와 있어요. 우리말에 대한 민감성을 기를 수 있고 어휘력의 기초를 다져 주어요.

초등학교 1학년 우리말 우리글 | 전국초등국어교과모임/나라말

아이들의 일상생활이 녹아 있는 입말, 글말을 중심으로 듣기, 말하기, 읽기, 쓰기, 문학, 문법을 통합적으로 공부할 수 있도록 만든 교재예요. 아이들 눈높이에서 어렵지 않게 설명하고 있는데 1년 동안 차근차근 배울 수 있도록 교과서처럼 구성한 점이 특징이에요.

수학마녀의 백점 수학 | 서지원/처음주니어

수학은 그냥 접하면 어렵고 딱딱한데 동화나 이야기로 만나면 흥미로워요. 이 책은 마법의 세계 이야기를 통해 어려운 수학 문제를 쉽게 이해할 수 있도록 도와줍니다. 책에 나온 내용은 초등학교 1~2학년 수학 교과 과정과 연계된 내용이에요. 이 책을 읽고 아이들이 수학 개념을 쉽고 탄탄하게 쌓을 수 있을 거예요.

Why? 교과서만화 1학년. 1~4 | WHY시리즈편집부/예림당

교과 과정은 물론 교과서 밖의 다양한 지식과 정보를 얻을 수 있도록 꾸며진 교과서 학습만화입니다. 국어, 수학, 사회, 과학 과목이 각각 한 권으로 구성되어 있어요. 읽으면서 자연스럽게 예습과 복습을 할 수 있고, 그림과 사진 자료가 풍부하여 좀 더 쉽게 내용을 이해할 수 있어서 배경지식을 쌓는 데 안성맞춤이에요.

자신만만 신나는 가치 학교 | 임정진/아이즐

바른 생활을 한다는 것은 곧 가치 있는 일을 한다는 말과도 상통해요. 이 책은 아이들이 다양한 가치를 쉽게 느끼고 이해하며, 스스로 가치 있는 삶을 살 수 있도록 마음으로 인도합니다. 긍정, 부정, 배려, 나눔, 예의, 감사, 사랑, 자신감, 용기, 끈기, 책임감 등의 이야기를 통해 그 길로 나아갈 거예요.

과학을 꿀꺽해 버린 동화 1·2학년 | 홍윤희/대교출판

초등학교 1, 2학년이 꼭 알아야 할 과학 교과에 나온 내용을 골라 재미있는 동화로 이야기를 만든 다음 원리와 개념을 설명한 책이에요. 과학 상식과 간단한 실험도 소개하고 있어서 아이들이 과학에 대해 두루 경험할 수 있습니다.

지도그림책 우리 나라 | 지도와 세상/애플비

초등학교 1학년 아이들은 아직 시간 개념이나 공간 개념이 명확히 잡히지 않아, 역사책이나 지리책은 좀 이를 수 있습니다. 그런데 만약 역사는 위인전으로, 지리책은 풍부한 삽화가 들어간 그림책으로 접할 수 있으면 독서를 통해 관련 개념들이 생기지요. 이 책을 통해 우리 나라 사회와 지리에 대한 개념을 배워 봅니다.

초등 입학 준비의 모든 것 : 입학 전 100일 + 입학 후 100일

PART3

3학년부터 폭발한다!

특별 과목 지도법

1 신동이 되는 지름길! 한자를 잘하는 아이

우리말 어휘의 대부분이 한자어라는 사실, 알고 있나요?

한때 한글 사용을 강조하면서 한자 공부가 등한시된 적이 있습니다. 그랬더니 학생들의 어휘력이나 표현력이 급격히 떨어지는 문제가 발생했지요. 읽기는 읽는데 그 뜻을 제대로 파악하지 못하는 것입니다. 한자를 모르니 낱말의 의미를 정확히 알기 어려웠던 거지요.

그래서 학교에서나 사회에서 다시 한자 공부를 중요하게 생각하게 되었습니다. 초등학교 중에는 재량활동 시간이나 아침 자습 시간을 이용해 한자 학습을 시키는 학교도 많아졌고, 사회에서는 한자급수를 선발 요건 중 하나로 다루고 있기도 합니다.

어렸을 때 일찌감치 한자 공부를 시작한 아이는 대부분 공부도 잘하고 학교 성적도 좋습니다. 초등학교 과목에 한자가 없다고 무시하지 말고 하루에 한두 자 정도 매일 외울 수 있도록 지도해 주세요.

몇 주일만 지나도 아이의 어휘력이 는 것을 확인할 수 있을 거예요. 어휘가 바탕이 되어야 다음 공부도 척척 할 수 있음을 잊지 마세요.

한자교육의 해법은 무엇일까?

한자는 뜻글자입니다. 그래서 우리말이나 영어처럼 자음, 모음을 안다고 해서 글을 읽을 수는 없답니다. 새로운 글자가 나올 때마다 그 뜻과 읽는 법, 쓰는 법을 꼼꼼히 외워야지요. 여기에 한자교육의 해법이 있어요. 한자를 공부할 때 한 글자, 한 글자 정확히 익혀야 해요.

이렇게 글자 하나를 익히는 데 많은 주의와 노력이 필요하기 때문에 한자를 배우다 보면 자연스레 공부 습관과 사고력, 어휘력 등이 길러집니다.

엄마가 한자를 지도할 때 준비해야 하는 것들

준비물	쓰임
한자 급수 책	한 달, 일주일, 하루에 외울 한자를 표시하여, 목표가 잘 지켜지고 있는지 확인해요.
한자 카드	한자의 모양, 읽는 법과 뜻을 이미지화하여 각인시켜요.
10칸 공책	한자를 또박또박 바르게 쓰는지 확인해요.
필기구 (연필, 사인펜)	연필이나 사인펜으로 한자를 써야 획을 바르게 쓸 수 있어요. 볼펜이나 색연필은 쓰지 않도록 해요.

8급 한자는 모두 몇 자일까?

8급 한자는 50자로 이루어져 있어요. 우리 아이는 얼마만큼 알고 있나요?

一 한 일	二 두 이	三 석 삼	四 넉 사
五 다섯 오	六 여섯 육	七 일곱 칠	八 여덟 팔
九 아홉 구	十 열 십	寸 마디 촌	日 날 일
月 달 월	火 불 화	水 물 수	木 나무 목
金 쇠 금	土 흙 토	年 해 년	東 동녘 동
西 서녘 서	南 남녘 남	北 북녘 북	父 아비 부
母 어미 모	兄 형 형	弟 동생 제	大 큰 대
韓 나라 한	民 백성 민	國 나라 국	小 작을 소
學 배울 학	校 학교 교	敎 가르칠 교	長 길 장
先 먼저 선	生 날 생	王 임금 왕	女 계집 녀
室 집 실	外 바깥 외	萬 일만 만	白 흰 백
軍 군사 군	人 사람 인	中 가운데 중	門 문 문
靑 푸를 청	山 산 산		

:: **연결해서 외우기** - 숫자, 요일, 방위, 가족 등 연결해서 통째로 외우기

:: **단어로 외우기** - '대한민국, 소학교, 교장선생, 백군, 군인, 청산' 등 단어로 외우기

:: **이야기로 외우기** - '王-女-室-外'를 '왕의 딸이 집 밖으로 나간다.'는 식으로 이야기 만들기

작전 ❶ 재미있는 고사성어 이야기

고사성어에는 배경 이야기가 있어서 재미있게 배울 수 있어요. 한자를 외우게 하기보다 어휘와 뜻을 새겨 보면서 한자에 대한 친근감을 길러 주세요.

 엄마가 재미있는 이야기 해 줄게. 이걸 네 글자로 줄여서 말해 봐.

 얼른 해 보세요.

 강가에서 있었던 일이야. 하루는 큰 조개가 입을 벌리고 햇볕을 쬐고 있었대. 그때 마침 도요새가 날아와 그 조개의 살을 쪼았지 뭐야. 조개는 깜짝 놀라 도요새의 부리를 덥석 물었고, 도요새도 질세라 조개의 살을 꽉 물었대. 둘 다 서로 이기려고 놓지 않은 거야.
그런데 어떤 일이 일어난 줄 아니?

 몰라요. 둘 다 죽었어요?

 아직은. 마침 어부가 강가를 지나고 있었는데,
"어? 저기 조개랑 도요새랑 같이 있네. 내가 가서 한꺼번에 잡아 버려야지."
하면서 둘을 한번에 잡아가 버렸대.
자, 이걸 네 글자로 뭐라고 할까?

 어부행운?

 아주 비슷해. 어부지리(漁父之利)야.
다른 사람들의 실수로 뜻하지 않게 행운을 얻었다는 뜻이지.

작전 ❷ 한자에 숨겨진 비밀 알기

아이와 한자의 비밀을 알아보면서 스스로 한자를 익히도록 해 보세요.

❶ 한자가 만들어진 원리(제자원리) 알기

한자는 네 가지 원리로 만들어졌어요. 상형, 지사, 회의, 형성의 원리이지요. 처음에는 상형자를 말해 주면서 흥미를 유발한 다음 지사자를 말해 줍니다. 8급 한자를 다 떼면 그 다음에 회의자와 형성자를 알려 주세요.

- 山(산 산) : 산의 모양을 본뜬 상형자
- 上(위 상) : 사물의 위에 있음을 지시하는 지사자
- 休(쉴 휴) : 人(사람 인)과 木(나무 목)을 결합하여 만들어진 회의자
- 問(물을 문) : 口(입 구. 뜻 부분)과 門(문 문. 음 부분)이 결합된 형성자

❷ 뜻을 알게 해 주는 부수 찾기

'昑(밝을 금)'과 '旿(밝을 오)'는 모두 '日(날 일, 해 일)'자가 부수이고, 둘 다 '밝다'라는 뜻을 가지고 있어요. 이처럼 부수는 보통 뜻을 나타내요. 그래서 잘 알고 있으면 한자를 빨리 외울 수 있고, 자전에서도 빨리 찾을 수 있답니다.

❸ 하늘 천, 땅 지~ 한자 읽는 법 알기

한자를 읽을 때는 반드시 뜻과 소리를 함께 말해야 해요. 火를 읽을 때 꼭 '불화'라고 말해야 해요. 여기서 뜻을 '훈', 소리를 '음'이라고 한답니다.

❹ 내리거나, 삐치거나~ 한자 쓰는 법 알기

한자는 쓰는 방법이 매우 중요해요. 획을 어떻게 쓰냐에 따라 전혀 다른 글자가 되어 버리지요. 획 연습은 '永(길 영)'자로 해 봅니다.

한자 급수시험은 8급부터 1급까지 있어요. 보통 7살 때부터 8급 시험을 보는데, 초등학교 졸업 무렵 3급 정도까지 따는 추세입니다. 1학년 때 7급까지 본 후 부수를 외우게 한 다음 이어서 도전해 보세요. 단, 급수를 빨리 따는 것이 목적이 아니라 한자를 제대로 알고 어휘를 풍부하게 하는 것이 목적임을 잊지 마세요.

1단계 차트 보면서 눈으로 외우기

한자 차트를 보면서 어떤 글자들이 있는지 눈에 익힙니다. 아는 글자나 뜻은 서로 연결해서 보도록 해 주세요.

2단계 한자카드 보면서 입으로 외우기

한자를 외울 때 음과 훈을 큰소리로 정확하게 읽도록 합니다. 8급과 7급에서는 뜻과 음을 묻는 '훈음' 문제와 음만 묻는 '독음' 문제가 나와요.

3단계 쓰면서 외우기

눈과 입에 익숙해지면 한자를 쓰는 것이 훨씬 수월해집니다. 쓰는 순서와 획을 정확히 알고 쓰도록 하고, 훈과 음도 함께 씁니다. 또 부수를 찾아 동그라미도 치게 하고요. 물론 낮은 급수에서는 쓰기 문제가 출제되지 않지만 나중에 높은 급수를 볼 때 많은 도움이 된답니다. 부수를 묻는 문제는 4급부터 나온답니다.

4단계 단어 외우기

낱글자를 외웠다면 그 글자가 들어간 단어를 만들어 함께 외워 봅니다. 단어를 외울 때는 반드시 한자로 그 뜻을 새겨 보아야 실력까지 키울 수 있어요.

2 영재가 되는 지름길! 독서를 잘하는 아이

　　요즘에는 초등학교 입학 전에 벌써부터 스스로 책을 읽는 아이들이 참 많아요. 그만큼 엄마들이나 우리 사회가 독서의 중요성을 깊이 인식하고 있다고 볼 수 있지요. 이와 같은 현상은 어디까지나 독서교육의 결과니까요.

　　독서를 많이 하면 어휘력과 배경지식이 풍부해져 학교 공부를 할 때 이해가 쉽고 빠르지요. 또 아는 것이 많아지는 만큼 머리도 좋아지고 아이디어를 마구마구 생각해낼 수 있어요. 그러면 어려운 문제도 술술 해결할 수 있고, 멋진 표현도 많이 알아 창의적인 사람이 되지요.

　　그런데 책만 많이 읽는다고 독서를 잘하는 아이일까요? 우리 아이는 벌써부터 이 책 저 책 가리지 않고 잘 읽는다고 마음을 놓는 엄마들이 있어요. 그런데 중요한 것은 독서의 양이 아니라 질이랍니다. 책의 내용을 정확히 파악하고 그것을 말과 글로 표현할 수 있어야 해요.

　　진짜 독서 영재로 만들고 싶다면 무조건 많이 읽게 했던 것에서 한 발 나아가 책을 자유자재로 활용할 수 있도록 만들어 주세요.

독서교육의 해법은 무엇일까?

독서를 잘하는 아이와 못하는 아이의 결정적 차이는 바로 '배경지식' 에 있어요. 배경지식이란, '사전에 이미 알고 있는 지식' 을 뜻해요.

배경지식은, 실제로 여러 가지 경험을 직접 하게 하거나, 책을 반복해서 읽어 줌으로써 길러 줄 수 있답니다. 이렇게 배경지식을 충분히 기르면 아이 혼자서도 능동적으로 책을 읽을 수 있고, 아는 것도 많아져 똑똑해지지요.

알아두세요 ## 독서와 가까워지게 하는 엄마의 대화 전략

독서와 멀어지게 하는 말	독서와 가까워지게 하는 말
책을 더럽혀서는 안 돼.	책을 읽다가 중요한 내용이 나오면 밑줄을 그어 보렴.
집에 공룡 책은 많아. 그게 그거니 그만 사자.	집에 있는 공룡 책이랑 다른 점이나 다른 내용이 있으면 사자. 한번 살펴보렴.
책을 읽었으니 얼른 독서록 쓰자.	책 내용을 엄마에게 말해 줄 수 있겠니? (강요는 안 돼요.)
왜 과학책을 싫어하니? 편독은 안 돼. 골고루 읽어야지.	과학책이 재미없구나. 그럼 그림만 보렴. 특이한 그림 있으면 엄마한테도 보여 줘.
아기처럼 왜 자꾸 엄마한테 읽어 달래? 이제 다 컸는데 혼자 읽어야지.	엄마가 읽어 주는 게 좋구나? 엄마도 네가 읽어주면 마음이 따뜻해져. 그럼 우리 나눠 읽자.

우리 아이 독서습관 체크

좋은 독서습관은 아이가 책에 관심과 흥미를 갖고 스스로 읽으며, 다 읽고 나서는 줄거리를 알고 그에 대해 말과 글로 표현할 수 있는 것입니다.

1. 책에 별다른 관심을 가지지 않는다.
2. 스스로 책을 읽고 싶어 하는 동기가 별로 없다.
3. 책을 읽을 때 조금이라도 흥미가 없으면 바로 덮어 버린다.
4. 자기가 좋아하는 분야의 책만 읽는다.
5. 책을 읽을 때 계속 꼼지락대거나 두리번거린다.
6. 책을 읽고 난 후, 중요한 내용과 중요하지 않은 내용을 구분하지 못한다.
7. 책을 읽고 나서 책에 대한 이야기를 좀 나누려고 하면 회피한다.
8. 책을 혼자 읽지 않고 항상 읽어 달라고 떼를 쓴다.
9. 엄마가 책을 읽으라고 하기 전까지 스스로 책을 읽는 법이 거의 없다.
10. 집에서 엄마나 아빠도 책을 거의 안 읽는 편이다.
11. 책을 읽을 때 표지나 목차 등을 훑지 않고 바로 본문부터 읽는다.
12. 책을 읽은 후, 말이나 글로 표현하는 것을 어려워한다.
13. 예전에 읽은 책과 같은 저자나 주제 및 소재가 나와도 잘 모른다.

:: **5개 미만** - 양호. 책을 읽는 구체적인 방법과 관련지어 읽는 법 알려 주기

:: **5~9개** - 책을 끝까지 다 읽고 내용을 파악할 수 있도록 구체적인 질문하기

:: **10개 이상** - 책에 대한 관심과 흥미를 기르고, 일단 엄마가 다정하게 읽어주기

작전 ❶ 책에 흥미를 붙이는 독서카드 게임

알면 친근감이 생기고, 친근감이 생기면 자신감이 생기고, 자신감이 생기면 비로소 적극적으로 생각하고 활용하게 되지요. 책도 마찬가지입니다. 그 동안 아이가 읽었던 책들의 기본 내용을 독서카드에 적고 제목과 주인공을 맞히는 게임을 해 보세요. 책에 대한 관심과 흥미가 더욱 높아질 거예요.

 지금까지 어떤 책을 읽었는지 엄마랑 독서카드 만들자.

 어떻게 만들어요?

 여기 앞면에는 제목과 지은이, 펴낸 곳을 쓰고, 뒷면에는 등장인물 이름을 모두 쓰는 거야.

책이름	동강의 아이들
지은이	김재홍
그린이	김재홍
출판사	길벗어린이

주인공	동이, 순이
퀴즈	①동이와 순이는 누구를 기다리나요? (엄마) ②동이와 순이의 아빠는 어디에 갔나요? (탄광)

 이제 카드를 다 만들었으니 게임을 해 볼까?

 어떻게요?

 엄마가 앞면을 보여 주면 뒷면에 있는 등장인물 이름을 말하는 거야.

 한 번 해 보세요.

 자, 이 카드를 봐. 책이름이 〈동강의 아이들〉이야. 누가 나오지?

 음, 오누이인데... 순이와 동이?

 맞았어! 다 기억하고 있구나!

아이가 목적에 맞게 독서할 수 있도록 여러 가지 독서법을 알려 주세요.

❶ 맞춤법을 터득시켜 주는 짚어가며 읽기

손으로 글자를 짚어가면서 소리 내어 읽게 하는 방법은 맞춤법과 띄어쓰기를 확인시키는 데 도움이 됩니다. 이 방법은 내용 파악에는 그다지 도움이 되지 않아요.

❷ 유창성을 길러 주는 소리 내어 읽기

눈으로 보며 줄줄 소리 내어 읽는 방법은 말하기의 유창성을 기르는 데 효과가 있어요. 발표력도 좋아지고 자신감도 생깁니다.

❸ 많이 읽게 해 주는 빨리 읽기

속독은 한정된 시간에 많은 양을 읽어야 할 때 사용되는 독서법이에요. 눈동자를 빨리 움직이며 주변 내용은 대충 읽고 중심 내용을 찾아가면서 읽도록 지도해요.

❹ 깊이 읽게 해 주는 샅샅이 읽기

내용을 정확히 파악하기 위해서는 배경지식을 풍부히 활용하면서 속으로 읽는 정독법을 선택해야 합니다. 표지와 목차를 훑어본 후, 질문을 떠올린 다음 읽도록 합니다.

❺ 알고 싶은 것만 알게 해 주는 골라 읽기

과학책이나 역사책, 지식책 등을 읽을 때는 알고 싶은 내용만 발췌해서 읽도록 해요. 그러면 책의 활용도도 더 높아진답니다.

작전 ❸ 독서 영재를 만드는 엄마표 독서지도 방법

책을 읽어 주거나 추천하는 것에서 한 걸음 더 나아가 본격적으로 독서지도를 해 보세요. 좋은 독서습관을 붙이는 데 최고의 방법이랍니다.

1단계 책 선택 – 흥미와 관심 끌기

아이가 관심을 갖는 분야의 책, 알고 있는 지은이의 또 다른 책, 주변에서 추천하는 책, 다양한 종류의 책을 선택해요. 표지를 보여 주며 책에 대해 흥미와 호기심을 갖도록 합니다.

2단계 책 읽기 – 내용을 파악하며 정확하게 읽기

책을 정독하도록 합니다. 이를 위해 목차를 함께 살피면서 어떤 내용일지 추측하게 하고, 그 과정에서 질문을 떠올려 보게 한 다음 읽게 합니다.

3단계 독후대화 – 요약부터 적용까지 생각 넓히기

아이가 책을 다 읽은 후에는 읽기 전에 떠올렸던 질문들을 중심으로 대화를 나눠 보세요. 기본적인 내용, 주제나 숨은 뜻, 사건의 원인과 결과, 비판할 점, 비슷한 경험 등에 대해 다양하고 풍부한 대화를 나눠 봅니다.

4단계 독후활동 – 다양하고 창의적인 방법으로 표현하기

글쓰기가 서툰 아이들은 독서카드나 독서표를 작성하게 하고, 주인공에 대해서나 줄거리를 두세 줄로 적게 해요. 글쓰기를 싫어하는 아이들은 먼저 그림으로 표현하게 한 다음 책을 소개하는 글을 적도록 합니다. 보통의 아이들에게는 편지, 일기, 인터뷰, 감상글, 뒷이야기 상상 등 여러 가지 방법으로 표현하게 합니다.

3 세계인이 되는 지름길! 영어를 잘하는 아이

　　영어는 선택이 아니라 필수라는 말이 있어요. 예전에는 수학을 잘하면 영어를 못해도 어느 정도 상쇄가 되었고, 또 수학을 못하는 아이는 영어에 집중해서 성적을 올렸어요.

　　그런데 이제는 수학을 잘하든 못하든 상관없이, 또 국어를 잘하든 못하든 상관없이 누구나 기본적으로 영어활용능력이 있어야 해요. 왜냐하면 지금은 국제화 시대니까요!

　　'국제화 시대'라는 말이 갖는 의미는 굉장히 중요해요. 이 말은 우리 아이들이 나중에 자라서 일을 하고 살아갈 때 이 나라 저 나라 사람들과 만나고 또 협력해야 한다는 뜻이랍니다. 무슨 일을 하든지 말이에요.

　　그래서 영어교육을 하기에 앞서 그 목적을 다시 생각해 보아야 해요. 전에는 영어가 하나의 과목으로서 점수를 받기 위한 공부를 했는데, 이제는 그것을 실제로 활용할 수 있는 공부를 해야 한답니다. 실제로 영어 평가도 점점 말하기와 쓰기 위주로 바뀌고 있고요.

　　영어로 말을 하고 영어로 글을 쓰는 걸 목적으로 우리 아이 영어교육의 기본 방향을 잡아야 해요.

영어교육의 해법은 무엇일까?

영어는 소리글자입니다. 따라서 낱말 하나하나의 뜻보다 소리를 먼저 익혀야 나중에 공부하기가 훨씬 수월합니다.

영어 소리에 익숙해지고 듣는 귀를 틔워 주려면 간단한 영어 동요부터 시작해야 해요. 동요의 가사가 무엇인지 이해시키기보다 그대로 따라 부를 수 있도록 하는 게 제일 중요해요. 그 다음에 그림책을 들려 주기도 하고 보여 주기도 하면서 자연스럽게 문형과 어휘를 익히고 그런 다음 차차 알파벳에 익숙해지면서 글자를 알아나가는 것이지요.

우리 아이 영어 환경을 위해 준비해야 하는 것들

준비물	쓰임
영어 동요 CD	아이가 놀 때나 쉴 때, 틈틈이 영어 동요를 들려 주면 영어 소리에 익숙해지고 따라 부르다 보면 자신감이 생겨요.
영어 애니메이션	친근하고 귀여운 캐릭터가 주인공인 간단한 스토리의 영어 애니메이션을 보여 주면 영어 사용 환경에 익숙해져요.
영어 스토리북	오디오로 먼저 스토리를 들려 주고 책을 보여 주면서 엄마가 읽어 주면 어휘력과 독해력이 향상돼요.
플래시 카드	알파벳을 정확히 인지할 수 있고, 다양한 어휘를 접할 수 있어요.

우리 아이 영어 기초 체크

준비운동 없이 수영할 수 없는 것처럼 본격적인 영어 학습을 시작하기 전에 우리 아이의 영어 습득 상황이 어떤지 확인해 보아야 해요. 영어에 대한 친밀도나 접근성, 활용성 등이 어느 정도인지 판단해 보세요.

1. 어느 나라 사람들이 영어를 쓰는지 안다.

2. 영어 동요를 듣고 흥얼댄다.

3. 혼자 부를 수 있는 영어 동요가 세 개 이상이다.

4. 원어민의 영어 음성을 들으면 바로 비슷하게 따라 말한다.

5. 혼자 영어를 말할 때 원어민의 음성을 기억했다가 말한다.

6. 짧은 문장을 몇 번 들려 주고 따라 말하게 하면 거의 그대로 한다.

7. 자주 노출된 영어 그림책이나 비디오를 보면서 함께 외워 말한다.

8. 기초적인 영어 회화를 할 수 있다.

9. 알파벳을 90% 이상 읽을 수 있다.

10. 알파벳을 90% 이상 쓸 수 있다.

11. 영어 단어를 50개 이상 말할 수 있다.

12. 영어 단어를 30개 이상 쓸 수 있다.

13. 처음 보는 영어 단어를 보고 발음하려고 한다.

:: **7개 미만** – 다양한 시청각 자료를 활용하여 영어 소리에 좀 더 익숙해지기

:: **7~10개** – 플래시 카드와 영어 그림책을 활용하여 알파벳과 영어 문장에 적응시키기

:: **11개 이상** – 파닉스 마스터하기, 또는 스토리북 듣고 말하고 쓰는 훈련하기

작전 ❶ 조기영어교육을 성공시키는 파닉스

엄마들 사이에서 초등학교 입학 전에 파닉스 정도는 떼야 한다는 말이 오고갑니다. 그런데 남들이 한다고 준비도 되지 않은 아이에게 파닉스를 시키는 것은 다시 한 번 생각해 보아야 해요.

파닉스 학습법이란, 알파벳 글자와 그 글자가 가지고 있는 소리의 관계를 배우고, 이들을 나누고 결합하여 단어는 물론 문장까지 바르게 읽을 수 있도록 하는 것을 말해요. 이렇게 파닉스 학습은 지적인 사고를 요구하기 때문에 생각보다 지루할 수 있어요. 만약 이런 감정이 반복되면 오히려 그 동안 길러졌던 영어에 대한 관심과 흥미를 잃게 할 수 있지요. 파닉스 학습을 지루하지 않게 하면서 성공시키는 비결은, 영어 소리에 대한 익숙함과 본능에 가까운 감각을 먼저 길러 주는 거예요. 여기에 알파벳에 대한 친근함까지 있으면 더욱 효과적이지요. 따라서 그 동안 다양한 시청각 자료와 영어 그림책 등에 충분히 노출되어 영어 소리가 하나도 어색하지 않았을 때 파닉스 학습을 시작합니다.

사실 미국에서도 7세를 전후하여 파닉스 학습을 시킨답니다. 약 1년 과정으로 되어 있는데, 단순히 알파벳이나 단어만 익히는 것이 아니라 문장으로도 충분히 익힐 수 있도록 하지요. 이렇게 되면 정말로 파닉스 학습이 끝났을 때 영어를 막힘없이 읽을 수 있다고 해요.

만약 엄마가 집에서 파닉스를 가르치기로 했다면 좋은 교재를 선택하여 매일 꾸준히 하세요. 대문자, 소문자, 음가, 단어, 문장이 모두 포함된 교재가 좋아요. 원어민의 발음을 충분히 들려주고, 발성과 호흡 등을 꼼꼼히 체크해 주어야 해요. 알파벳, 음가, 단어, 문장을 모두 잘 말할 수 있도록 합니다. 일주일에 1~2글자 정도씩 천천히 충분히 가르치세요.

파닉스를 떼면 아이의 영어 학습에 속도가 붙습니다. 파닉스 학습은 영어를 모국어처럼 느끼게 해 주어 자유자재로 영어 자료를 읽고 말하고 들을 수 있게 해 주거든요.

그런데 만약 파닉스를 학습할 기회를 놓쳤거나, 엄두가 나지 않는다면 스토리북이나 리딩북 받아쓰기로 영어 훈련을 시킵니다. 이 훈련은 영어의 4대 영역인 듣기, 말하기, 읽기, 쓰기를 모두 포함하기 때문에 균형 잡힌 영어 능력을 기를 수 있어요. 이에 앞서 알파벳은 먼저 익혀 두세요.

1단계 책 고르기

100 단어 정도로 이루어진 책을 고릅니다. 원어민의 음성을 들을 수 있는 CD나 테이프가 있는 책이어야 해요.

2단계 시간표 짜기

한 달 동안 책 한 권을 완전히 외우는 걸 목적으로 시간표를 짜 봅니다. 책을 4등분 하여 일주일 단위로 학습하는데, 첫 번째 주일에는 4등분 한 첫 파트, 두 번째 주일에 다음 파트를 학습시키는 것입니다.

3단계 듣기(5) → 따라 말하기(3) → 스스로 읽기(2) → 쓰기(1)

듣기를 5번 반복한 다음, 한 문장씩 천천히 크게 따라 말하기를 세 번 하고, CD를 튼 채로 책을 보면서 원어민의 음성과 같은 속도와 발음으로 읽기를 두 번 합니다. 그리고 우리말로 정확히 해석해요. 그런 다음 마지막으로 책을 보면서 한 번 써 봅니다. 이때 단어마다 확인하면서 쓰지 말고 문장을 통째로 외워서 쓰게 합니다.

작전 ❸ 영어 읽을거리 좀 더 보여주기

스토리북으로 듣고 말하기 훈련에 적응이 되면 몇 가지 새로운 읽을거리들을 제공해 주세요. 영어를 좀 더 지적으로 활용하는 데 도움이 된답니다.

❶ 어린이용 영어신문과 잡지

어린이의 영어 실력에 맞게 레벨별로 구성된 영어신문과 잡지가 있어요. 어린이용 영어신문은 보통 2주 단위로 발행이 되고, 잡지는 한 달 단위로 발행이 됩니다. 둘 다 샘플로 받아 보고 선택합니다.

국내에서 제작, 발행된 간행물은 익숙한 사진과 기사가 장점이고, 해외에서 제작된 간행물은 친근함은 떨어지는 대신 아이의 시야를 넓힐 수 있다는 장점이 있습니다.

❷ 미국 교과서는 어떨까?

사실 미국에는 정해진 교과서가 없어요. 각 교육청에서 교과별로 가르쳐야 하는 커리큘럼 가이드라인만 정해 주면 교사가 자율적으로 교재를 선택하거나 만들어서 가르치지요. 현재 국내에 미국 교과서라고 소개되는 도서들은 미국 내 출판사들에서 만든 과목별 교재라고 보시면 돼요.

어쨌든 영미권에서 직접 만든 교과 교재는 아이에게 새롭고도 지적인 흥미를 불어넣어 주지요. 서점에 가서 아이와 영어, 사회, 과학 과목을 중심으로 초등 전(Pre) 단계 교재를 꼼꼼히 살펴본 후 한두 권 정도 구입해서 오래오래 봅니다.

나는 책이야 | 김향이/푸른숲

이 책은, 책을 읽는다는 것이 어떤 의미인지 재미있는 동화를 통해 간접적으로 느끼게 해 줍니다. 책을 읽는다는 것은 책과 대화를 나누는 것이지요. 책에서는 이를 등장인물들이 책을 보는 아이에게 이야기를 들려 주는 것처럼 구성했어요.

책 먹는 여우 | 프란치스카 비어만/ 주니어김영사

아주 유명한 그림책인데, 재미있는 그림과 내용 때문에 많은 아이들의 사랑을 받고 있지요. 주인공 여우 씨가 어떻게 글을 잘 쓰게 되었는지 생각해 보게 한 다음, 이처럼 책을 많이 읽으면 글도 잘 쓸 수 있다는 이야기를 해 줍니다. 독서와 글쓰기의 관계를 아이들이 어렴풋이 느낄 수 있답니다.

마법 천자문. 1~17 | 스튜디오 시리얼/아울북

아이들 사이에서 한자 열풍을 일으켰던 바로 그 한자 만화 학습서예요. 아주 기초적인 한자부터 어려운 한자까지 만화를 통해 하나씩 배울 수 있어요. 한자를 가지고 주인공과 악당들이 대결하는 이야기로 구성되어 있어서 내용도 무척 흥미진진하답니다. 한자에 관심이 없고 좋아하지 않는 아이들도 이 책을 읽으면 바로 한자를 알고 싶고 쓰고 싶어질 거예요.

그림으로 배우는 한자 8급 | 편집부/동양문고

한자능력검정시험 8급을 배우는 한자 학습서입니다. 8급 한자 50자의 음과 뜻, 유래와 활용 단어, 쓰기 연습까지 할 수 있도록 구성되어 있어요. 한 자 한 자 그림이 붙어 있어 금방 뜻을 알 수 있고, 한자의 제자원리를 설명하고 있어서 배경 지식을 쌓을 수 있지요. 또 아이들은 교재에 직접 쓰면서 공부할 수 있으니 편리해요.

기적의 한자 학습. 1~9 | 박수밀, 강현구/길벗스쿨

한자 학습 교재입니다. 생활에서 자주 쓰이는 한자와 교과서에 나오는 한자어를 갈무리하여 아이들이 쉽게 배울 수 있도록 교재로 만들었어요. 단어의 뜻도 알 수 있고, 8~4급까지의 필수 한자도 실었답니다. 또 형성 평가를 통해 실전 급수 문제를 풀 수 있도록 했어요. 평상시에 아이가 혼자 학습하기 적합한 교재입니다.

뚝딱! 한자부수 214. 1~3 | 간분선/글로연

친숙한 옛날이야기를 기본 줄거리로 하는 만화를 통해 한자 부수를 익히도록 하는 만화 학습서예요. 한자의 제자원리와 쓰는 방법, 기본 정보를 모두 담고 있어서 매우 도움이 된답니다. 부수를 익히면 한자 학습이 매우 쉽고 빨라지니 이 책을 통해 지속적으로 한자 부수를 접하고 익히도록 합니다.

연세초등영어사전 | 연세대학교 언어정보연구원/두산동아

영어 공부를 본격적으로 하려면 사전 한 권쯤 옆에 있어야 해요. 그런데 일반 사전은 아이들이 보기에 글씨도 작고 딱딱하게 구성되어 있으니 어린이를 위한 영어사전을 구입합니다. 친숙한 그림, 찾기 쉬운 편집, 적절한 단어 수 등을 기준으로 사전을 선택해 봅니다.

나의 첫 영어일기장 | 강승임, 임지은/아주큰선물

쓰기는 영어를 비롯한 모든 언어 학습의 마무리이면서 동시에 최종 목표예요. 그런데 막상 쓰려면 어떤 내용을 어떤 표현으로 써야 하는지 막막하지요. 이제 막 영어 일기 쓰기를 시작하는 아이들에게 안성맞춤인 책이에요.

초등 입학 준비의 모든 것 : 입학 전 100일+입학 후 100일

PART4

숙제를 위해 태어났다!

숙제 잘하는 법

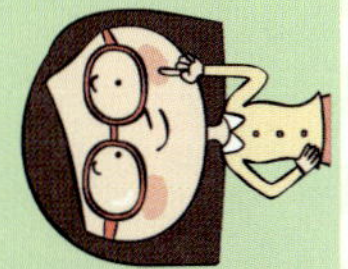

1 글씨가 예뻐야 읽을 맛이 나지~
바른 글씨 쓰기

요즘에는 손글씨를 쓰는 사람이 많지 않아요. 작가들도 대부분 컴퓨터 워드 프로그램을 이용하여 글을 쓰고, 학교에서도 보고서 등의 각종 과제물을 워드로 작성하여 내도록 하지요. 그렇다면 우리 아이도 글씨를 바르게 쓰는 걸 배우는 대신 한글 타자 연습을 시키는 게 나을까요?

결론부터 말씀 드리자면 글씨를 바르게 쓰는 게 먼저예요. 글씨 쓰기는 모든 학습의 기초이기 때문이에요. 손으로 직접 글씨를 쓰는 정성을 들여 공부를 해 본 적이 있는 학생은 그렇지 않은 학생에 비해 성취감과 자신감이 더 크답니다. 그리고 글씨 쓰는 것 자체가 아이들에게 매력적으로 느껴져야 글쓰기에도 흥미를 느끼고 더 빨리 적응해요.

"천재는 악필이다."는 유언비어 때문에 글씨 못 쓰는 걸 당연하게 생각하거나 나아가 자랑스럽게 생각하는 사람들이 간혹 있어요. 그런데 이건 전혀 근거 없는 말이랍니다. 물론 영어는 필기체가 따로 있어서 이에 어느 정도 해당될지 몰라도 우리말이나 한자는 달라요. 악필은 게으르고 부주의한 사람이라는 오명을 받기에 좋을 뿐이에요. 따라서 늦기 전에 아이의 글씨를 꼭 바로 잡아 주세요.

바른 한글 글씨 쓰기의 해법은 무엇일까?

한글은 여러 면에서 매우 뛰어난 글자예요. 임금이 직접 백성을 위하여 만든 세계 유일의 민본주의적 문자이고, 발음기관의 모양을 본떠 자음을 만든 과학적인 문자이며, 천지인(天地人)의 사상을 담아 모음을 만든 심오한 문자지요. 게다가 글자의 모양 또한 매우 기하학적이라 조형적으로도 뛰어나요.

따라서 한글을 예쁘게 쓰기 위해서는 그 가치를 깨달음과 동시에 점, 선, 면에 대한 감각과 그것을 똑바로 표현할 수 있어야 해요.

알아두세요 **바른 글씨 쓰기 지도를 위해 준비해야 하는 것들**

준비물	쓰임
종합장	처음 글씨 연습을 할 때는 큼직하게 써야 해요. 그래야 선을 제대로 그었는지 정확하게 확인할 수 있어요.
크레파스	종합장에 세로선, 가로선, 사선, 동그라미 등 한글 글자의 기본이 되는 획을 정확하게 긋도록 해요.
글씨 교본책	자음, 모음, 낱글자를 체계적으로 연습해요.
연필	반드시 연필로 본격적인 글씨 연습을 하는데, 쥐는 방법과 자세도 함께 익혀요.

우리 아이의 글씨와 자세, 기초 체크

무엇이든지 기초가 중요해요. 글씨를 쓸 때도 자세, 연필을 쥐는 방법, 획을 긋는 방법이 가장 중요하지요. 이것이 제대로 되어 있지 않으면 바른 글씨는 어렵답니다.

1 자세 : 글씨를 쓸 때 등을 쭉 펴고 두 손을 가지런히 책상에 올려서 쓰는가?

2 연필 쥐기 : 엄지와 검지로 연필을 감싸고 중지로 받쳐 연필을 살짝 쥐고 있는가?

3 세로획 : 세로선을 기울지 않고 똑바로 그었는가?

4 가로획 긋기 : 가로선을 기울지 않고 똑바로 그었는가?

5 사선 긋기 : 기울기가 잘못되었거나 삐침 획처럼 그어져 있는가?

6 동그라미 그리기 : 동그라미가 완전히 닫혀 있지 않거나 아무렇게나 그려져 있는가?

7 종합 글자 쓰기 : 세로획, 가로획, 사선, 동그라미가 똑바로 적당하게 그려져 있는가?

:: **바르지 않은 앉은 자세** - 턱을 괸 자세, 다리를 꼰 자세, 등을 구부린 자세, 다리를 많이 벌린 자세

:: **바르지 않은 연필 쥐는 자세** - 검지 깊숙이 연필을 넣은 자세, 검지와 엄지·중지로 연필을 잡고 약지로 받친 자세, 검지와 엄지로 연필을 잡고 중지와 약지로 받친 자세

:: **바르지 않은 획** - 세로선이나 가로선이 기울어져 있거나 짧은 경우, 또는 지나치게 긴 경우, 동그라미가 대충 그려져 있는 경우, 사선의 길이가 일정하지 않은 경우

작전 ❶ 못생긴 글자 지적하기

아이가 쓴 글자들을 함께 보면서 어떤 획이 잘못 그어져 있는지 확인합니다. 세로, 가로, 동그라미, 사선 등을 하나씩 살펴보고, 주의를 기울여 다시 써 보게 합니다.

 글씨가 좀 엉망이다, 그치?

 못생겼어요?

 응, 솔직히 못생겼어. 글씨 잘 쓰는 특급 비밀을 알려 줘야겠다.

 뭔데요?

 이걸 알게 되면 세종대왕님이 얼마나 더 훌륭하고 위대한 인물인지 깊이 느끼게 될 거야.

 얼른 말해 주세요.

 사실은 아주 간단해. 세로, 가로, 사선, 동그라미만 잘 그리면 돼. 네가 쓴 글씨를 자세히 보렴. 선들이 제대로 그어져 있니?

 히히. 아니요. 기울어져 있어요.

 맞아. 세로는 세로답게 일직선으로 내려와야 해. 또 동그라미도 일정하지 않지? 어떤 건 작고, 어떤 건 커. 가로선도 어떤 건 길고 어떤 건 짧아. 그래서 글씨가 못나 보이는 거야. 다시 신경 써서 써 보자.

친구	와	사이	→	친구	와	사이
좋게		지내기		좋게		지내기
고운말		사용		고운말		사용
하기				하기		

크레파스와 연필로 선 긋는 연습부터 합니다. 그런 다음 글자를 쓸 때는 붓글씨를 쓸 때처럼 첫 획을 약간 구부려 쓰도록 합니다.

1단계 세로선과 가로선 긋기

정확히 수직선과 수평선이 되도록 그어요. 처음에는 크레파스로 길게 긋고, 나중에는 연필로 그어 봅니다. 자로 잰 듯 정확할 때까지 그어야 해요. 그 다음 세로획과 가로획으로만 되어 있는 'ㄱ, ㄴ, ㄷ, ㄹ, ㅁ, ㅂ'을 연습해요.

2단계 사선 긋기

45도 정도로 사선을 그어요. 왼쪽으로 향한 사선과 오른쪽으로 향한 사선을 모두 연습합니다. 그 다음 사선으로 된 'ㅅ, ㅈ, ㅊ'을 연습해요.

3단계 동그라미 그리기

동그라미는 매우 중요합니다. 동그라미가 어떤 모양이냐에 따라 글씨의 느낌이 달라지거든요. 작으면 글씨가 못나 보이므로 적당하게 크기를 조절해요.

4단계 산(∧) 아래와 꺽쇠(〈) 안에 글자 넣기

획 연습이 끝나면 본격적으로 글씨 연습을 해 보세요. 아이가 글씨를 쓸 때 아이 마음속에 ∧와 〈 틀이 떠오르도록 합니다.

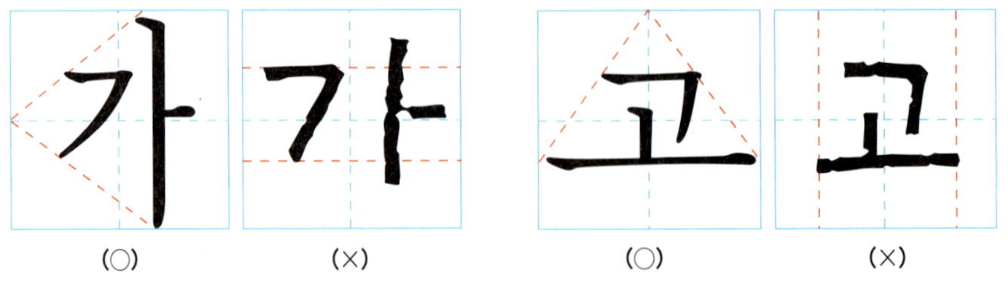

| (○) | (×) | (○) | (×) |

한글 연습이 충분할 때쯤 숫자, 한자, 알파벳도 제대로 연습해 봅니다.

❶ 숫자는 약간 기울여서 쓰기

숫자는 사선지 공책에 약간 기울여서 써요. '1, 4, 7'과 같이 세로선을 긋는 숫자는 기울여 선을 그어 주고, '2, 3, 5, 6'과 같이 동그라미가 들어가면 최대한 공굴려서 써 주세요.

$$0\ 1\ 2\ 3\ 4\ 5\ 6\ 7\ 8\ 9$$

❷ 우아하게 알파벳 쓰기

사선지에 대문자와 소문자를 정확히 구분해서 쓰고, 역시 약간 기울여 씁니다.

$$A\ a \qquad B\ b \qquad P\ p$$

❸ 길 영(永)자로 한자 획 연습하기

길 영(永)자를 이용하여 한자의 기본기를 익혀 보세요. 이를 '영자팔법'이라고 하는데, 획을 쓰는 여덟 가지 방법을 알 수 있어요.

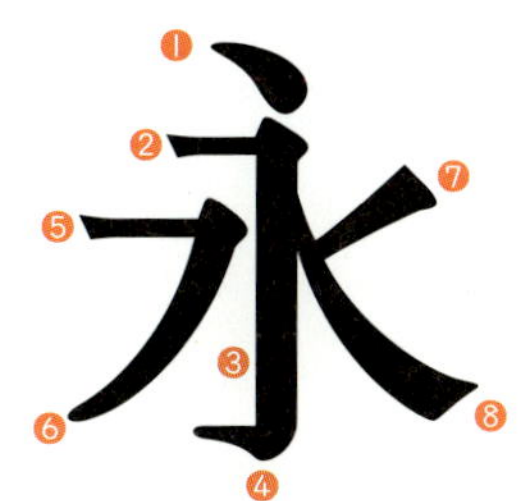

❶ **측** : 기울여 찍은 점
❷ **늑** : 일자로 가로 그은 획
❸ **노** : 세로로 내려 그은 획
❹ **적** : 갈고리
❺ **책** : 오른족 위로 삐침
❻ **약** : 왼쪽으로 길게 삐침
❼ **탁** : 짧은 왼삐침
❽ **책** : 오른쪽 아래로 삐침

1학년 엄마들을 바짝 긴장시키는 시험이 있어요. 바로 받아쓰기 시험이에요.

받아쓰기 시험은 1학년 초에 접하게 되는 거의 유일무이한 시험이기 때문에 문제 하나하나에 엄마들의 희비가 엇갈리지요.

유치원 때까지 글도 잘 읽던 아이가 받아쓰기 시험을 잘 못 보고 오면 엄마는 갑자가 눈앞이 막막해져요. 우리 아이가 생각보다 열등한 게 아닌가 걱정도 되고 이러다 계속 뒤처지게 될까 봐 괜히 아이에게 화만 내게 되지요.

그런데 받아쓰기 시험은 엄밀한 의미에서 아이의 능력을 검증하거나 진단하는 그런 중요한 평가는 아니에요. 그렇다고 그냥 아무렇게나 보아도 되는 시험도 아니고요.

1학년 때 받아쓰기 시험을 보는 까닭은 아이가 학교 공부와 시험 등에 적응하도록 하기 위함이에요. 또 준비를 해서 점수가 잘 나오면 자신감을 갖고 학교생활에 임하게 되기 때문에 어느 정도 대비를 시켜 시험을 보도록 해야지요. 조금만 공부하면 누구나 어렵지 않게 100점을 맞을 수 있답니다.

1학년은 꼭 10칸 공책을 써야 할까?

10칸 공책이나 8칸 공책은 보통 1학년 국어 시간에 사용됩니다. 그 이유는 글씨를 큼직하고 바르게 쓰는 습관을 들일 수 있고, 한 글자 한 글자 주의 깊게 쓰도록 되어 있기 때문에 철자법과 띄어쓰기, 문장부호 등을 확인하면서 쓸 수 있지요.

따라서 아이가 반드시 칸 공책을 쓸 수 있도록 하고, 한 칸에 한 글자씩 바르게 쓰도록 지도하세요. 그리고 일기나 독서록도 처음에는 칸 공책에 쓰게 하는 것이 좋답니다.

알아두세요 **10칸 공책 쓸 때 주의해야 할 점**

주의할 점	예시
① 한 칸에 한 글자씩 중앙에 써요.	
② 문단의 첫 칸은 비워요.	
③ 문장이 끝나지 않으면 다음 칸에 이어 쓰는데 첫 칸을 비우지 않아요.	
④ 문장부호는 원고지 쓰기와 같아요.	

우리 아이 받아쓰기, 문제없을까?

다음은 초등학교 1학년 1학기 읽기 교과서에 나오는 어휘예요. 아이에게 각각 정확한 발음으로 세 번씩 불러 준 다음 제대로 받아쓰는지 점검해 보세요.

〔★〕

1. 정다운　　　　　　2. 고마우신　　　　　　3. 깡충깡충

〔★★〕

1. 빗장[빋짱]　　　　2. 이튿날[이튼날]　　　3. 부엌에서는[부어케서는]

〔★★★〕

1. 살래살래　　　　　2. 헤엄치는　　　　　　3. 괘종시계

〔★★★★〕

1. 닮았지요[달만찌요]　2. 않으려고[아느려고]　3. 많잖아[만차나]

〔★★★★★〕

1. 그릇이 되겠어요　　　　　　　2. 잃어버린 줄도 모르고

3. 이름을 쓰지 않는 버릇　　　　4. 그냥 집으로 가 버렸어요

:: ★ - 소리나는 대로 쓰기

:: ★★ - 받침 확인하기

:: ★★★ - 이중모음(ㅑ, ㅕ, ㅛ, ㅠ, ㅐ, ㅔ, ㅚ, ㅟ, ㅒ, ㅖ, ㅙ, ㅞ) 확인하기

:: ★★★★ - 겹받침(ㄳ, ㄺ, ㄻ, ㄼ, ㄽ, ㅄ, ㄵ, ㅀ, ㄾ, ㄿ, ㅄ 등) 확인하기

:: ★★★★★ - 발음과 실제 표기법, 띄어쓰기 확인하기

작전 ❶ 우리말 발음과 표기의 원칙 이해시키기

받아쓰기를 잘하려면 맞춤법 표기 원칙을 알아야 해요. 한글 맞춤법 통일안에는 "한글 맞춤법은 표준어를 소리대로 적되, 어법에 맞도록 함을 원칙으로 한다."고 나와 있어요. 이렇게 발음과 표기법이 다를 수 있음을 아이에게 말해 주세요.

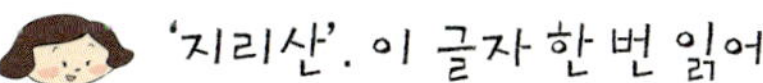

'지리산'. 이 글자 한 번 읽어 보렴.

지, 리, 산.

잘 읽었어. 그럼 '한라산'. 이 글자도 한 번 읽어 볼래?

한, 라, 산.

그렇게 읽으면 힘들지? 부드럽게 이어서 다시 읽어 보렴.

할, 라, 산?

아주 잘 읽었어. '지리산'은 쓰여 있는 그대로 [지리산]이라고 읽으면 되는데, '한라산'은 [할라산]이라고 읽어야 해. 쓸 때는 '한라산'이라고 쓰고, 읽을 때는 '할라산'이라고 읽는 거야. 이런 글자가 또 있니?

음, 잘 모르겠어요.

방금 '모르겠어요'라고 말했지? 그 말도 마찬가지야.
쓸 때는 '모르겠어요'라고 쓰는데, 말할 때는 '모르게써요'하고 발음하지.

그럼 그런 글자가 정말 많은데요?

맞아. 읽을 때는 발음하기 쉽게 읽고 실제로 적을 때는 뜻을 알 수 있게 적어야 한단다. '지리산'이나 '가다'와 같이 글자와 발음이 같은 경우도 있는데, '한라산[할라산]'이나 '읽다[익따]'와 같이 다른 경우도 많으니까 글자를 배울 때 맞춤법도 꼭 확인해야 한단다.

작전 ❷ 받아쓰기 100점 연습하기

받아쓰기 연습을 할 때는 다짜고짜 글자를 쓰면서 외우게 해서는 안 돼요. 먼저 정확하게 발음하도록 한 다음 쓰는 연습은 나중에 시켜요.

1단계 받아 쓸 낱말, 구, 절을 각각 10번씩 읽기

먼저 정확하게 발음하여 큰 소리로 읽도록 합니다. 선생님은 한 글자씩 읽어주지 않고 발음의 원칙대로 된소리, 구개음화, 두음법칙의 원칙을 적용하여 받아쓰기 문제를 읽습니다. 따라서 소리내어 정확히 읽으면서 소리와 글자를 일치시킵니다.

2단계 구를 정확하게 읽고 따라 쓰기

받아쓸 구를 한 번 보고 소리내어 읽은 후, 보지 않고 써 봅니다. 낱말과 낱말 사이의 발음 관계를 확인하면서 연습합니다. 예를 들어 "꿈 속에서"라는 구는 [꿈쏘게서]라고 발음합니다.

3단계 문장을 정확하게 읽고 받아쓰기

학기말이나 2학기부터는 문장 받아쓰기 시험을 봅니다. 문장 받아쓰기 시험을 볼 때는 받아쓰기의 모든 원칙들을 꼼꼼히 확인하여 연습시키고 특히 띄어쓰기를 정확히 익히도록 합니다. 선생님이 받아쓰기 문제를 읽을 때는 낱말 단위로 끊어 읽지 않고 한 문장을 통째로 읽기 때문이에요.

4단계 총 점검하기

마지막으로 엄마와 모의시험을 봅니다. 충분히 연습해서 좋은 점수를 맞을 수 있도록 해 주세요. 그래야 아이의 학교 적응도 더 빨라지고 자신감과 성취감도 높아진답니다.

10칸/8칸 공책에 문장이나 글을 쓰게 하면서 띄어쓰기를 훈련시킵니다.

❶ 낱말 단위로 띄어쓰기

그	림	을		잘		그	려	요	.

❷ 반복되는 말은 붙여 쓰기

고	개	를		끄	덕	끄	덕		

❸ 본용언과 보조용언 띄어쓰기

시	간	을		알	려		주	어	서
부	러	워	할		만	한		점	

❹ 의존명사 띄어쓰기

돌	들	을		치	울		수	가	
열	심	히		하	는		것	이	
끄	떡	도		않	은		채		

학교생활 적응의 척도, 알림장 똑바로 쓰기

학교에 입학한 아이들이 처음에 가장 주의 집중해야 하는 시간이 있어요. 바로 수업이 모두 끝나고 선생님이 전달사항을 알릴 때이지요.

이때는 온 정신을 집중하여 학교에서 하는 행사나 수업 시간에 필요한 준비물, 숙제 등을 꼼꼼히 받아 적어야 해요. 만약 하나라도 빠뜨리기 시작하면 학교생활이 점점 어려워지지요.

선생님이 말씀하신 그 내용을 어디에 적을까요? 바로 '알림장'에 적어요!

알림장에 대해서는 익히 들은 바가 있을 거예요. 다른 것들 준비시키느라 전혀 신경 쓰지 않고 있다가 학교 보내면 나중에 엄청 후회한다는 선배 엄마들의 시행착오 조언을 들은 적이 있을 거예요. 어떤 아이는 알림장에 무엇을 어떻게 쓰는지 몰라 몇 달 간이나 빈 공책만 가져 왔더라는 황당 사연도 있을 것이고요.

알림장 쓰기가 제대로 되지 않으면 학교 적응도 매우 어려워져요. 알림장 쓰기는 보통 6학년 때까지 계속 되기 때문에 1학년 때 습관을 들이는 것이 중요해요.

아이들은 왜 알림장 쓰는 걸 어려워할까?

대다수의 아이들은 알림장 쓰는 걸 어려워해요. 아직 메모하는 습관이나 무언가를 기록하는 습관도 덜 잡혔을 뿐만 아니라 선생님 말씀 중에 중요한 것과 중요하지 않은 것을 구분하기도 힘들어서지요. 그런데 요즘에는 대부분의 학교에서 알림장 내용을 스크린에 띄워 주기 때문에 보고 그대로 적기만 해도 된답니다.

아이가 알림장을 제대로 적어 오지 못한다면 나무라거나 다그칠 것이 아니라 이 중 어떤 부분이 아직 부족한지 살피고 그 부분을 보충하거나 수정해 주세요.

알림장 쓰기에 도움 되는 학습 습관들

학습 습관	도움
주의집중력	선생님이 중요한 말을 한다는 것을 알아차리고 자세를 바르게 하고 들으려고 하거나 스크린을 봐요.
경청 습관	선생님이 하는 말들을 하나도 흘려듣지 않고 말이 끝날 때까지 자세를 고정하여 들어요. 메모하며 들어요.
기록 습관	선생님이 말을 하는 순간 연필을 쥐고 알림장에 무언가를 적을 준비를 해요. 번호를 붙여 적어요. 스크린을 보고 적을 땐 다 적고 빠진 내용이 없는지 확인해요.
요약 습관	선생님이 한 말 중에 핵심만 집어서 알기 쉽게 적어요.

알림장은 어떤 내용을 알려 줄까?

알림장에 어떤 내용이 들어가는지 알면 엄마가 아이의 알림장을 확인할 때 빠진 것은 없는지 살펴볼 수 있어요.

1 날짜와 요일 : 알림장을 쓴 날의 날짜와 요일을 알려 준다.

2 숙제 : 일기, 독서록, 받아쓰기 등의 숙제를 알려 준다.

3 준비물 : 수업 시간이나 학교생활에 필요한 준비물을 알려 준다.

4 학교 행사 : 대회, 기념일, 수련회 등의 학교 행사를 알려 준다.

5 학습 준비 : 학교에서 배우는 내용 중에서 집에서 보충이 필요한 부분을 알려 준다.

6 주의 사항 : 학교 생활이나 일상 생활에서 주의할 점을 알려 준다.

7 선생님과 학부모 사인 : 아이가 쓴 내용을 선생님과 학부모가 검사했는지 알려 준다.

:: **숙제** – 쓰기 숙제인지 만들기 또는 그리기 숙제인지 정확히 확인하기

:: **준비물** – 문방구에서 구입해야 하는 물건인지 아니면 집에 있는 물건인지 확인하여 미리 구비하기

:: **학습준비** – 좀 더 신경 써서 학습해야 하는 과목을 확인하고 예습과 복습시키기

:: **학교행사** – 학교행사가 시험이나 대회라면 그 내용과 방법을 정확히 확인하고 그에 대비하여 집에서 준비시키기

:: **학부모 사인** – 알림장에 적힌 내용대로 준비하고 모든 것을 지켰는지 하나씩 확인한 다음 사인하기

작전 ❶ 알림장 샘플 보여 주며 연습시키기

학교에 입학해서 첫 시간부터 알림장을 쓱쓱 써 내려가면 아이의 자신감과 성취감도 덩달아 오를 거예요. 알림장 쓰기에 문제없는 준비된 아이를 만들어 보세요.

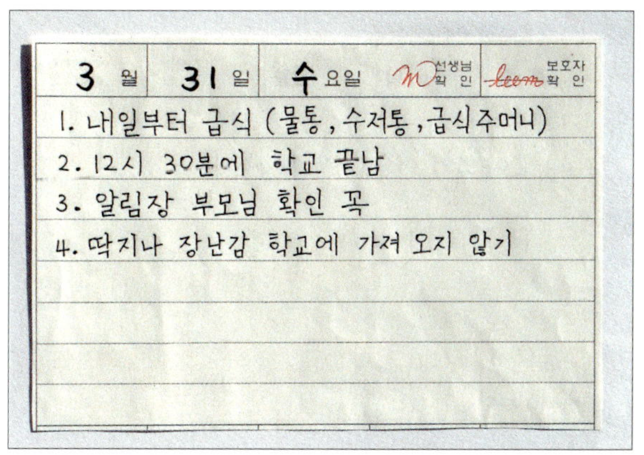

1단계 알림장 노트 설명하기

알림장 노트를 미리 준비하여 어느 칸에 어떤 내용을 쓰는지 알려 줍니다.

2단계 날짜와 요일 쓰기

알림장을 쓰는 날의 날짜와 요일을 정확하게 쓰도록 합니다.

3단계 번호 붙이기

줄글로 쓰지 말고, 내용 앞에 번호를 붙인 다음 쓰도록 씁니다.

4단계 핵심만 집어 적기

선생님 말을 다 적지 말고 꼭 알아야 하는 내용, 준비해야 하는 내용만 간단히 적도록 합니다. 스크린에 알림장 내용이 뜨면 빠뜨리지 말고 전부 적습니다.

　초등 1학년 숙제의 80% 이상이 일기 쓰기입니다. 학교에 따라 선생님에 따라 쓰는 횟수는 조금씩 차이가 있지만, 보통 일주일에 세 번 이상씩은 쓰게 하지요.

　일기 쓰기는 아이들에게 쉬운 숙제일까요, 어려운 숙제일까요?

　'하루 중에 있었던 일을 쓰는데 뭐가 어렵겠어? 그냥 쓰면 되지.' 하고 생각하는 엄마가 있다면, 얼른 생각을 바꾸라고 말씀 드리고 싶어요. 일기 쓰기는 쉬운 숙제도 아니고, 평범한 숙제도 아니고, 어쩌면 1학년 아이들에게 가장 어려운 숙제랍니다.

　일기 쓰기에 앞서 늘 따라 나오는 말인, '오늘 하루의 일 중에서 가장 기억에 남는 일, 의미 있던 일을 쓰라.' 는 말이 아이들에게는 얼마나 어려운 주문인지 몰라요. 하루하루가 비슷한 일들로 채워진 아이들에게는 딱히 기억에 남는 일도 없고, 아직 사고가 덜 발달한지라 어떤 사건에서 의미를 찾는 것 또한 어렵지요.

　그렇다고 일기 숙제를 두려워해야 한다는 건 아니에요. 생각보다 쉽지 않다는 걸 알면 좀 더 주의 깊게 준비할 수 있으니 안심하세요.

일기를 꼭 써야 하는 이유가 있을까?

일기는 하루의 일을 솔직하게 돌아보는 글이에요. 하루를 돌아보고 좋았던 일, 나빴던 일, 잘한 일, 잘못한 일, 기쁜 일, 슬픈 일 등을 떠올려 보면 자연스럽게 그 날을 반성하고 정리하게 되지요. 또 일기를 쓰면 글쓰기 실력도 늘고, 생각을 정리하는 능력도 생기고, 끈기와 참을성도 길러진답니다.

참, 초등학교 1학년 때는 보통 그림일기를 쓰도록 합니다.

알아두세요 일기에 들어가야 하는 것들

예시	항목
2010년 3월 5일 금요일	날짜 정확하게 쓰기 (연월일과 요일, 월일과 요일)
봄바람 살랑살랑	재미있는 날씨 표현하기
두근두근 수업시간	통통 튀는 제목 붙이기
이제 초등학교 1학년이 되었다. 수업을 하는데 선생님이 날 쳐다볼 때마다 떨려서 혼났다. 그래서 무슨 말씀을 하시는지 잊어 버렸다.	한 가지 소재를 자세하게 쓰기
내일부터는 숨을 크게 쉬고 마음을 편안하게 해야겠다.	반성이나 감정 쓰기

일기 쓸거리, 어디에서 찾을까?

일기 쓸거리는 그 날 있었던 일들에서 찾습니다. 이때 엄마가 가져야 할 중요한 태도는 아이의 일상적인 일들을 특별하고 의미 있게 대하는 거예요. 그래야 아이 자신도 자기에게 일어난 일들을 소중하게 생각할 테니까 말이에요.

1 나의 하루 일과
식사, 간식, 옷, 숙제, 학원, 독서, 친구와 놀기, 애완동물 돌보기, TV 보기, 게임하기, 잠자기 등

2 나와 가족에게 생긴 일
생일, 취미, 가족이 하는 일, 외가댁, 사촌들, 가족 행사, 외식, 나의 꿈 등

3 학교에서 일어난 일
좋아하는 과목, 싫어하는 과목, 선생님, 칭찬, 꾸중, 친구, 수업 시간, 급식시간, 체험학습, 수련회, 운동회, 시험 등

4 계절에 일어나는 일
황사, 꽃샘추의, 꽃, 새싹, 태양, 해수욕장, 삼림욕, 단풍, 추수, 눈썰매, 눈사람, 스키 등

5 특별한 일
명절, 국경일, 놀이공원, 여행, 동물원, 박물관, 영화, 연극, 공연 등

:: **적응기** : ~ **입학 후 5개월** – 하루 일과 중에서 매일매일 다른 일과 중심으로 쓰기

:: **안정기** : ~ **입학 후 9개월** – 학교에서 일어난 일 중심으로 쓰기

:: **발전기** : ~ **입학 후 12개월** – 생활문, 편지, 동시, 관찰문, 만화 등 여러 가지 형식으로 쓰기

작전 ❶ 아이와 함께 쓸거리 찾기

일기 쓸거리를 찾는 일이 제일 힘들 거예요. 바로 쓰라고 하기보다는 스스로 소재를 떠올릴 수 있도록 다음과 같은 대화를 나눠 봅니다.

오늘도 많은 일이 있었지?
밥 먹고, 씻고, 공부도 하고, 친구들과 놀고, 텔레비전도 보았어.
그 중에서 지금 딱 떠오르는 일이 있어?

음, 아니요. 생각이 안 나요.

그럼 눈을 감고 아침부터 저녁까지 한 일을 하나씩 생각하면서 그때의 기분을 느껴 보렴.
딱 15초만 생각해 보자.

네.

기분이 좀 좋았거나 반대로 나빴던 일이 있니?
아니면 서운했던 일이나 속상했던 일 말이야.

친구들과 놀다가 헤어질 때 좀 속상했어요.

아, 더 놀고 싶은데 못 노니까 서운했구나. 그럼 친구들과 무얼 하며 놀았는지 먼저 쓰고 그때의 기분이랑 헤어질 때의 기분이랑 써 보자.

많이는 안 쓸래요.

5줄만 쓰자. 먼저 날짜와 재미있는 날씨 표현을 쓰고, 재미있는 제목도 붙여 보자.
그 다음에 친구들과 노는 모습을 그림으로 그리고 쓰면 돼.

아이가 가장 쉽게 쓰게 되는 일기 소재인데요. 일어난 일을 소재로 일기를 쓸 때는 누가 언제 무엇을 어떻게 왜 했는지, 그리고 그때의 기분이나 반성할 점은 무엇인지 쓰면 됩니다.

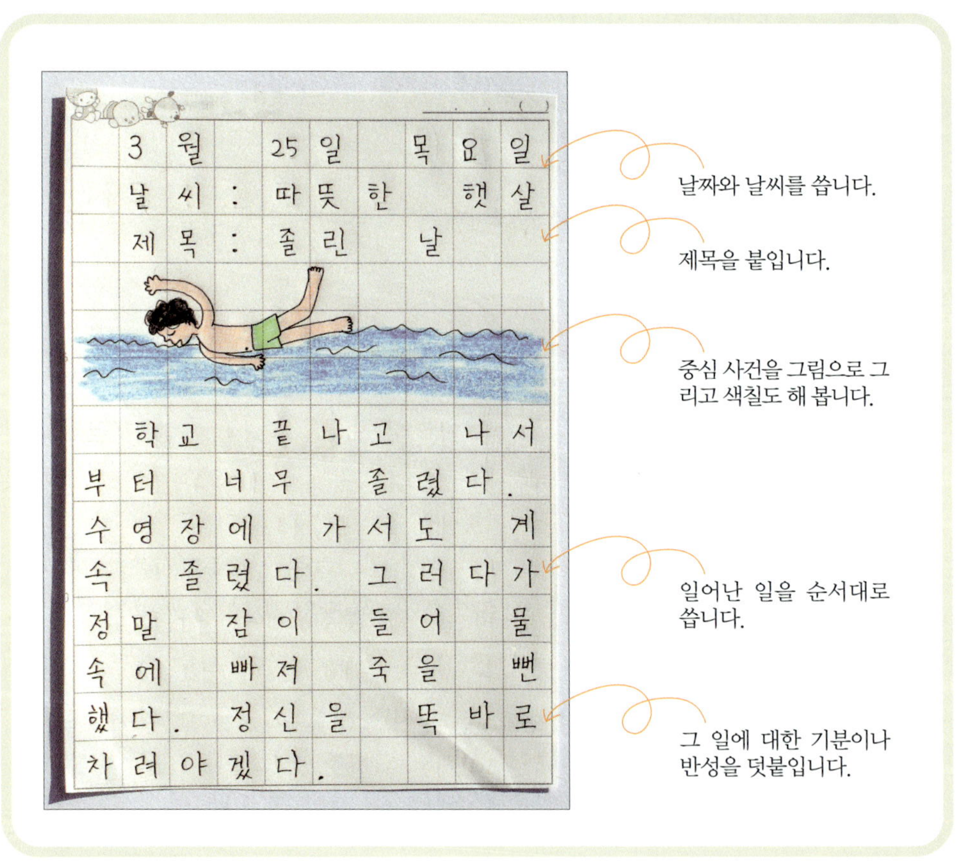

날짜와 날씨를 씁니다.

제목을 붙입니다.

중심 사건을 그림으로 그리고 색칠도 해 봅니다.

일어난 일을 순서대로 씁니다.

그 일에 대한 기분이나 반성을 덧붙입니다.

아이가 쓸거리를 찾지 못할 때 주변 사물이나 사람, 날씨 등을 관찰하여 쓰게 합니다. 관찰을 할 때는 대상에 대해 다양한 상상을 유도하세요. 그러면 관찰력과 상상력이 함께 길러지고 자세하게 쓰는 습관도 갖게 돼요.

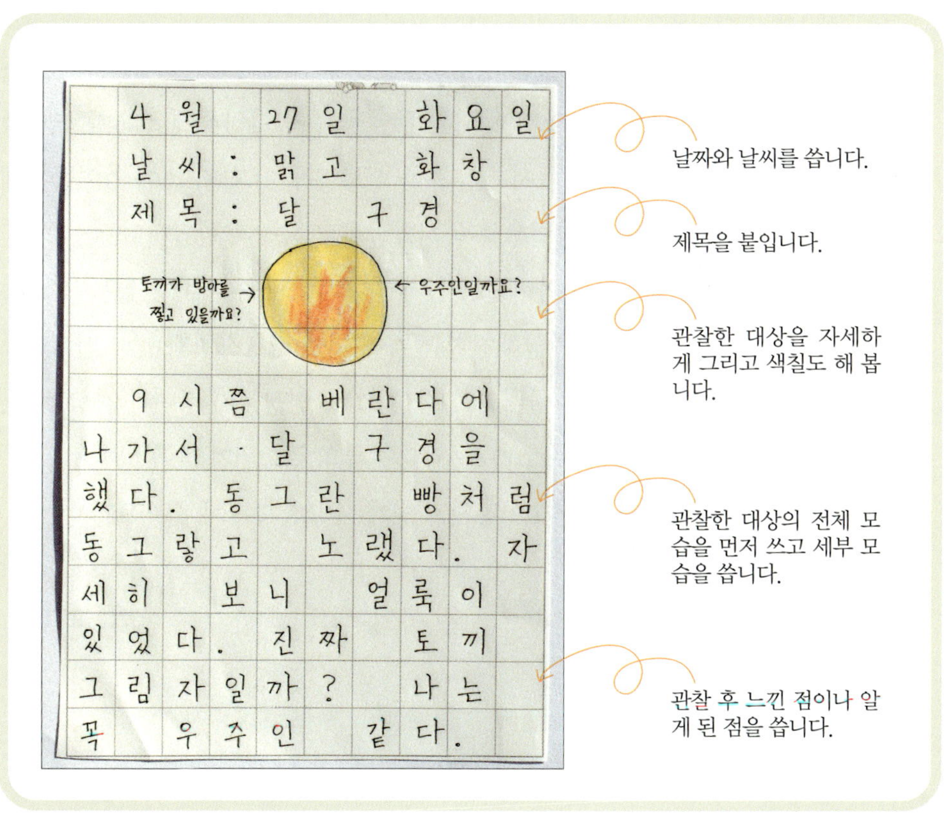

날짜와 날씨를 씁니다.

제목을 붙입니다.

관찰한 대상을 자세하게 그리고 색칠도 해 봅니다.

관찰한 대상의 전체 모습을 먼저 쓰고 세부 모습을 씁니다.

관찰 후 느낀 점이나 알게 된 점을 씁니다.

5 책과 나눈 이야기, 창의적인 독서록 쓰기

일기 다음으로 중요한 숙제가 바로 독서록 쓰기예요.

예전에는 독후감이라고 하여 책을 읽은 후의 감상 위주로 글을 쓰게 하였는데, 그 방법이 아이들에게 독서와 글쓰기에 대한 부담을 주자 다양하게 쓰도록 변화를 주었지요. 어떤 학교에서는 아예 독서록 노트를 따로 만들어 학기 초에 아이들에게 나누어 주고, 거기에 여러 가지 방법으로 독서활동을 기록하게 한답니다.

독서록 쓰기도 많은 엄마들과 아이들이 힘겨워하는 숙제 중의 하나예요. 특히 독후감 쓰기에만 익숙한 엄마들은 다양해진 방법들에 더욱 당황스럽지요. 마인드맵으로 그리기, 주인공에게 편지쓰기, 줄거리와 감상 쓰기, 인상적인 장면과 감상 쓰기, 뒷이야기 상상하기, 인터뷰 기사로 쓰기 등 온갖 종류의 글쓰기가 들어 있어요.

한 가지 방법으로 쓰기도 벅찬데 어떻게 이렇게 다양하게 쓰게 할까요?

처음엔 표지나 명장면을 따라 그리고 간단한 감상을 적게 하고, 이에 익숙해지면 점점 새로운 방법들을 추가하여 써 보도록 하면 문제없을 거예요.

"

독서록을 꼭 써야 하는 이유가 있을까?

이제 독서록은 그 어느 때보다 중요한 숙제가 되었어요. 독서록을 통해 아이의 소질과 적성, 관심 분야에 따라 어떤 책을 읽고 어떤 지식과 교훈을 얻었는지 한 번에 알 수 있기 때문에 아이의 잠재력을 보여 주는 데 매우 좋은 자료가 되지요.

그래서 나중에 고등학교나 대학 입학을 준비할 때 유용하게 쓰일 수 있으니 주의를 기울여 쓰도록 합니다.

알아두세요 독서록에 들어가야 하는 것들

예시	항목
그림책/동화	책의 종류(장르) 쓰기
손 큰 할머니의 만두 만들기	책이름 정확하게 쓰기
채인선 지음	지은이 이름 쓰기
재미마주	출판사 정확하게 쓰기
손 큰 할머니는 손이 어찌나 큰지 아주 아주 큰 만두를 빚었다. 동물 친구들과 함께 말이다. 그런 다음 모두 함께 나누어 먹었다.	주요 사건을 중심으로 간단히 줄거리 요약하기
나도 새해가 되면 만두를 크게 빚어서 할머니한테 갖다 드려야겠다.	감상, 교훈, 생각하거나 느낀 점 등 쓰기

독서록 쓰는 여러 가지 방법

독서록을 쓰는 방법은 여러 가지입니다. 처음에는 그림 중심의 독서록을 쓰도록 하다가 차차 글의 양을 늘려 갑니다.

1. **명장면 그리기** : 표지나 명장면을 골라 그림으로 그리고 소개글 쓰기
2. **줄거리와 감상 쓰기** : 중심사건 중심으로 줄거리를 요약하고 그에 대한 감상, 또는 생각한 점 쓰기
3. **마인드맵 만들기** : 제목을 중심말로 하여 내용의 연관 관계를 그리기
4. **편지쓰기** : 주인공이 한 일에 대해서 하고 싶은 말 쓰기
5. **상장 만들기** : 주인공에게 칭찬, 또는 격려의 상장 만들기
6. **광고 만들기** : 주인공이나 제목과 관련한 카피를 뽑고 그림을 넣어 광고 만들기
7. **만화 그리기** : 주인공이 겪은 재미있는 상황을 4~8컷 정도의 만화로 그리기
8. **인터뷰하기** : 주인공에게 궁금한 점을 묻고 답하기
9. **뒷이야기 상상하기** : 이야기가 끝난 후 주인공의 행동이나 생활 상상하여 쓰기
10. **경험과 연결짓기** : 책에 나온 내용 중 내가 겪었던 일과 비슷한 일 비교하며 쓰기

:: **적응기** : ~ **입학 후 5개월** - 표지나 명장면을 따라 그린 뒤 간단한 소개글 쓰기

:: **안정기** : ~ **입학 후 9개월** - 주인공이나 지은이에게 편지 쓰기, 마인드맵 그리기

:: **발전기** : ~ **입학 후 12개월** - 상장, 광고, 인터뷰, 편지, 마인드맵, 만화, 감상글 등 다양한 방법으로 쓰기

작전 ❶ 독서록의 시작, 명장면 따라 그리기

처음에는 책 속의 그림을 많이 참고하여 그림을 그리고, 그 아래 간단히 그린 장면을 소개하거나 책을 소개하는 글을 써 보도록 합니다.

읽은 날 : 2010년 3월 22일 월요일

책이름 : 늑대가 들려주는 아기돼지 삼형제 이야기

지은이 : 존 셰스카

그린이 : 레인 스미스

펴낸곳 : 보림

〈명장면 그리기〉

늑대 알이 음식을 만들다가 설탕이 없어서 돼지네 집에 꾸러 갔다. 그런데 그때 마침 재채기가 나서 크게 했다. 그랬더니 돼지네 집은 몽땅 무너지고 아기 돼지는 죽어 버렸다. 돼지 꼬리만 밖으로 나와 있는 모습이 웃겼다.

제목과 읽은 날을 씁니다.

지은이와 출판사를 씁니다.

책 속 중심 장면을 그림으로 그리고 색칠도 해 봅니다.

어떤 장면인지 간단히 소개합니다.

줄거리를 요약하고 그에 대한 감상을 적는 것은 독서록 쓰기의 가장 기본적인 방법입니다. 책의 내용을 정확히 파악하는 능력을 기를 수 있습니다.

읽은날 : 2010년 4월 1일 목요일
책이름 : 여우의 전화박스
지은이 : 도다 가즈요
펴낸곳 : 크레용하우스
〈줄거리와 감상 쓰기〉
① 줄거리
　엄마 여우는 아기 여우를 하늘나라에 보내고 너무 슬펐다. 그러다 전화박스에서 어떤 사내아이를 보았다. 사내아이는 병원에 입원한 엄마랑 매일 저녁에 전화를 하는 것이었다. 엄마 여우도 사내아이처럼 아기 여우와 이야기를 하였다. 그런데 어느 날 전화박스에 불이 켜지질 않아 엄마 여우가 전화박스가 되어 주었다. 그래서 사내아이는 엄마랑 무사히 전화를 할 수 있었다.
② 감상
　엄마 여우가 불쌍하다. 전화박스가 되면서 죽은 것 같다. 그러면 먼저 죽은 아기 여우와 만나게 되었을까? 사내아이의 엄마는 병이 다 나았을까? 사내아이의 엄마가 병이 다 나으면 꼭 엄마 여우에게 은혜를 갚았으면 좋겠다.

책 제목과 읽은 날을 씁니다.

지은이와 출판사를 씁니다.

중심 사건을 중심으로 줄거리를 간단히 요약합니다. 주인공이 한 일을 순서대로 써도 좋습니다.

감상과 느낀 점, 생각한 점 등을 덧붙입니다.

작전 ❸ 색다른 방법, 편지쓰기

주인공에게 편지쓰기는 책에 대한 친근감을 높이고 능동적인 독서를 하도록 합니다. 줄거리보다 자신의 생각이나 하고 싶은 말을 많이 쓰도록 합니다.

읽은날 : 2010년 4월 7일 수요일
책이름 : 마법의 설탕 두 조각
지은이 : 미하엘 엔데
편낸곳 : 소년한길
〈편지 쓰기〉
렝켄에게
렝켄, 안녕?
　이제는 부모님 말씀 잘 듣고 있니? 한 번 호되게 당했으니까 부모님을 골탕먹일 생각은 이제 안 날 거야. 네가 책에서 부모님께 마법의 설탕을 먹게 했잖아. 나는 그때 좀 깜짝 놀랐어. 부모님이 작아질 것이 뻔한데도 네가 그냥 주니까.
　부모님이 작아지니까 불편한 점이 엄청 많았지? 나도 한번 상상을 해 보았어. 우리 엄마, 아빠가 작아지면 어떻게 될지 말이야. 생각만 해도 끔찍해. 밥도 못 먹고, 밤에는 무척 무서울 것 같아. 또 도둑이 들면 아주 큰 일이 날 거야.
렝켄!
　이제부터는 절대 그런 일 하면 안 돼!!!
　그럼 부모님과 잘 지내고 너도 행복해지렴.
준석이가

책 제목과 읽은 날을 씁니다.

지은이와 출판 사를 씁니다.

책 내용을 중심으로 주인공이 한 일과 그에 대해 하고 싶은 말을 씁니다.

끝인사를 하고 쓴 사람의 이름을 씁니다.

6 우리 가족 짱, 짱! 가족신문 만들기

요즘에는 유치원 때부터 신문 만들기를 하는 경우가 종종 있어요. 그렇다고 진짜 일간지에 나오는 기사처럼 육하원칙을 완전히 지켜서 기사를 쓰게 하지는 않지요.

초등학교에 입학해서도 신문 만들기는 종종 숙제로 나온답니다. 이때는 유치원 때 만든 신문보다 질적으로나 양적으로 좀 더 다양하고 풍부한 내용과 구성을 보여 주어야겠지요.

어떻게 하면 이것이 가능할까요? 정답은 바로 '컨셉'과 '준비'에 있어요. 유치원 때에는 막연하게 '가족신문'이라는 타이틀 아래서 가족과 관련한 사진이나 그림을 붙이고 관련 내용을 간단히 적었다면 이제는 한 가지 큰 주제를 정하고 그에 맞는 기사도 쓰고 광고도 만들고, 인터뷰도 해야겠지요.

참, 신문을 만들기 전에 신문에 어떤 내용이 들어가 있는지 아이와 함께 확인해 봅니다. 기사 하나를 골라 '표제-부제-리드-본문' 등 작성 형식을 살펴보고, 기사 외에 다른 글들은 어떻게 실려 있으며, 또 그림이나 사진 도표는 어떤 경우에 쓰는지 확인하여 응용해 봅니다.

어떤 종류의 신문이 있을까?

학교에서 내는 신문 만들기 과제는 대부분 '가족신문'이라는 주제로 주어집니다. 이 큰 타이틀 아래서 다시 한 번 주제를 정해 봅니다.

가족이 읽거나 추천하고 싶은 책 중심의 '독서신문', 가족이 함께 떠난 여행지나 떠나고 싶은 여행지를 소개하는 '여행신문', 공부와 학습 위주의 '학습신문', 우리 가족뿐만 아니라 친척들 소식도 담은 '종친신문' 등이 있어요.

알아두세요　**가족신문을 만들기 위해 준비해야 하는 것들**

준비물	쓰임
연습장	어떤 기사를 쓰고, 어떤 형식으로 꾸밀지 대충 스케치해요.
8절 또는 4절 도화지	신문 지면으로서 그 안에 기사를 써요. 기사를 쓸 때는 기사마다 작은 박스를 쳐서 구분해요.
크레파스, 색연필	그림을 그리거나 꾸미기를 해요.
연필, 사인펜	기사를 쓸 때 사용해요.
사진	기사의 현장감을 더하기 위해 기사 위나 옆에 붙여요.

신문 안에 들어가는 것들

신문에 들어가는 기사와 내용들은 다양합니다. 단순한 소식을 알려 주는 알림 기사, 깊이 취재하여 쓴 기획 기사, 독자들의 생각이나 의견을 쓴 독자마당, 사설, 4컷 만화, 카툰, 연재 기사, 설문기사, 광고, 새로 나온 책 소개 등입니다.

1. **소식 기사** : 알리고 싶은 소식을 육하원칙에 따라 쓰기
2. **사건 기사** : 최근의 일 중에서 특이했거나 안 좋았던 일 쓰기
3. **설문 기사** : 설문조사를 하고 그 결과를 기사로 쓰기
4. **인터뷰 기사** : 인물을 골라 인터뷰를 한 후 질문과 답 위주로 쓰기
5. **책 소개** : 새 책이나 인기 있는 책을 주제 및 소재 중심으로 소개하기
6. **사설** : 어떤 주장을 정하여 논리적인 근거를 들어 주장하는 글쓰기
7. **4컷 만화** : 개성 있는 주인공이 겪는 재미있는 일을 4컷 만화로 그리기
8. **독자마당** : 독자들의 요구 사항이나 하고 싶은 말 등을 적기
9. **새로운 상품 광고** : 새로운 상품을 그림과 글을 동원하여 광고하기
10. **생활 광고** : 일일장터, 중고품 거래, 그 외 알리고 싶은 내용 광고하기

:: **전반기** – 특정한 주제를 정하지 않고 광범위하게 가족 중심의 신문 만들기, 소식 기사를 두 개 정도 쓰고 만화나 카툰을 그리기, 지면이 남으면 책 소개 코너 넣기

:: **후반기** – 하나의 주제를 정해서 그와 관련한 기사들을 다양한 방법과 형식으로 써 보기

작전 ❶ 육하원칙에 따라 기사 쓰는 법

'육하원칙'이란 기사문에 꼭 들어가야 하는 여섯 가지 요소를 말합니다. '누가, 언제, 어디서, 무엇을, 어떻게, 왜 했나?'에 해당하는 내용이지요.

'둥둥둥' 마음에 퍼지는 신나는 울림

"풍물을 통해 장애 어린이와 교사가 한 마음이 돼요."

→ 표제를 씁니다.

→ 부제를 씁니다.

서울 답십리초등학교 임경 교사·신소니아 교사 등 특수 학급 담당 선생님들이 인근 초등학교에 다니는 전신지체·자폐증 등 장애 어린이들 20여 명에게 사랑을 심는 '풍물반' 강습을 지난 4월부터 매주 수요일 무료로 열고 있다.

→ 사건을 육하원칙에 의해 한 문장으로 짧게 요약합니다.

"둥둥 둥둥…." 답십리초등학교에 수요일 오후 4시가 되면 조용하던 건물 전체에 장애 어린이들과 교사들의 북소리가 울려 퍼진다.

임경 교사가 "둥둥 여러분 아안녕~."하고 북을 울리자 어린이들도 북을 두드리며 "아안녕~."하며 활짝 웃었다. 어린이들은 임 교사가 북을 작게 두드리면 작게, 크게 두드리면 똑같이 크게 두드리며 교사와 눈을 맞추려고 했다.

→ 사건의 중요한 내용부터 순서대로 자세하게 씁니다.

임경 교사는 "어린이들이 한꺼번에 많은 것을 익히지는 못하지만 풍물을 다루는 시간에는 비교적 집중을 잘하는 편."이라고 말하며, "어린이들 마음에 사랑을 심고 즐거워하는 것을 보는 것이 가장 큰 보람."이라고 덧붙였다.

→ 인터뷰한 내용이 있으면 덧붙입니다.

우리 가족에게 일어난 일 중, 새로운 소식이나 알리고 싶은 소식을 중심으로 가족신문을 만들어 봅니다.

새로 나온 책, 어린이들이 꼭 읽어야 하는 책, 많은 어린이들이 추천하는 책, 독서퀴즈 등을 중심으로 독서신문을 만들어 봅니다.

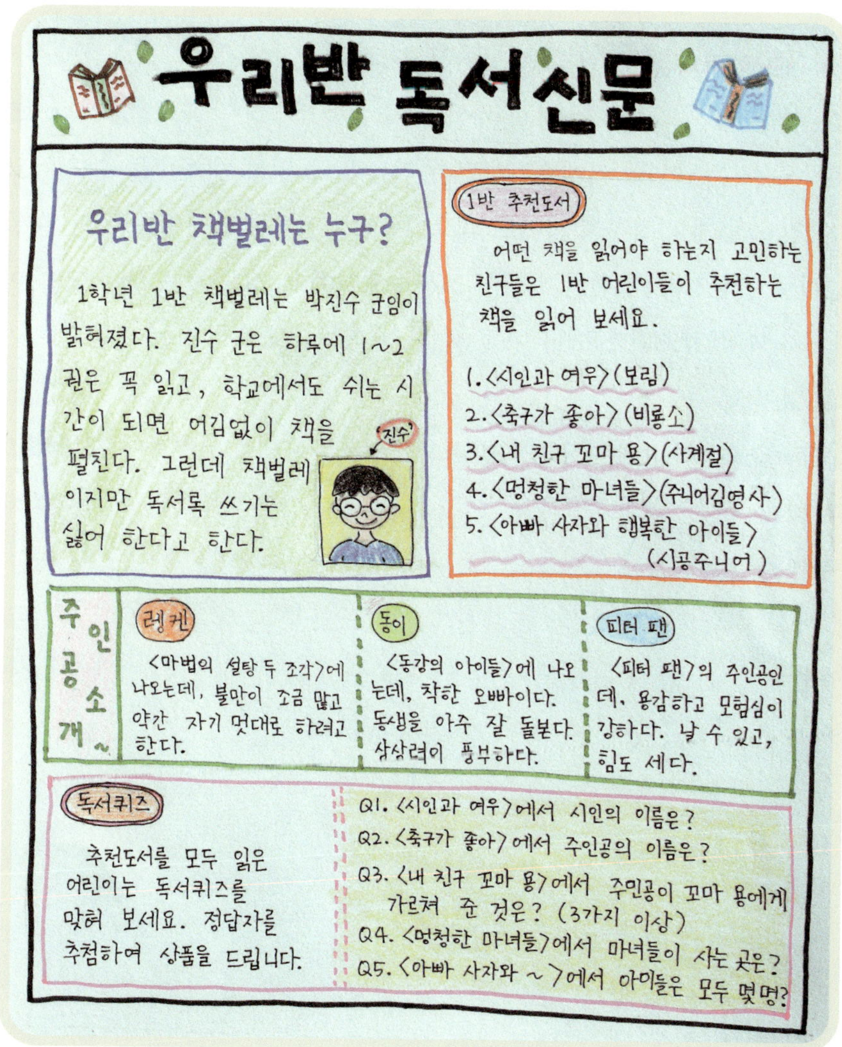

7 놀토와 방학엔 체험학습 고고~
체험학습보고서 쓰기

'체험학습보고서' 라는 말, 들어 보았지요? 놀토(학교에 가지 않는 2주째, 4주째 토요일)가 생기면서부터 본격 등장한 숙제입니다. 그런데 어떻게 쓰는지는 막연할 거예요. '보고서' 라는 말에 괜히 주눅이 들 수도 있고요.

하지만 그렇게 걱정하지 않아도 돼요. 예전에 엄마들도 한번쯤은 써 본 글이니까요. 바로 관찰기록문, 견학기록문, 조사보고서예요! 요즘에는 '체험학습' 이라는 말 자체가 매우 강조되다 보니 이들 글을 '체험학습보고서' 라는 이름으로 아울러 부르고 있어요.

체험학습보고서는 체험학습을 한 뒤에 쓰는 글이므로 무엇보다 생생하고 의미 있는 체험을 하는 것이 중요해요. 이를 위해서는 사전학습을 조금이라도 한 뒤 체험학습을 떠나야지요. 그리고 어쨌든 그에 대한 글을 써야 하기 때문에 여러 가지 정보를 수집하고 챙기는 것도 중요하고요.

체험학습을 마치고 돌아온 다음에는 체험을 하면서 수집한 자료와 사진을 중심으로 주제를 정해 쓰면 된답니다.

좋은 체험학습보고서가 따로 있을까?

체험학습보고서는 말 그대로 체험을 통해 무언가를 배운 후 그에 대해 쓴 글입니다. 그렇기 때문에 무엇을 알게 되었는지를 중심으로 하는 일관된 주제를 가지고 있어야 해요.

겪은 일을 순서대로 적는 것이 아니라 체험을 통해 얻게 된 것을 먼저 생각하고 정리한 다음 그와 관련된 체험 위주로 보고서를 작성하는 것이 중요합니다. 일관된 주제를 담고 있는 체험학습보고서가 좋은 보고서랍니다.

알아두세요 **체험학습보고서를 쓰기 위해 챙겨야 하는 것들**

챙겨야 할 것들	쓰임
관람티켓, 교통티켓	체험학습장에 다녀왔다는 증거로 제시할 수 있어요.
팸플릿, 전단지	체험학습장에 비치된 팸플릿이나 전단지는 내용을 정리할 때 도움이 돼요.
스케줄(일정표)	체험 일정을 잊지 않고 확인할 수 있고, 일정을 보면 어떤 체험을 했는지 빠뜨리지 않고 기억할 수 있어요.
사진	생생한 체험 현장을 전달할 수 있어요.
메모장	체험을 하면서 새로 알게 된 정보들은 메모장에 꼼꼼히 기록하여 보고서를 쓸 때 참고해요.

체험에 따라 보고서 쓰는 법

체험학습보고서는 크게 네 가지 종류가 있어요. 이건 어떤 곳을 방문하여 어떤 체험을 했는지에 따라 달라집니다.

1 체험학습보고서 : 무언가를 만들거나 직접 한 다음, 그 내용을 순서대로 쓰고 체험을 끝낸 후 느낀 점 쓰기

　예 치즈 체험, 김치 체험, 템플 스테이, 농촌 체험, 산촌 체험, 청학동 체험, 올레길 체험, 도자기 체험, 한지 체험, 눈 체험 등

2 견학기록문 : 직접 보고 들은 것 중심으로 쓴 뒤, 알게 된 점과 느낀 점 쓰기

　예 박물관 체험, 전시관 체험 등

3 관찰기록문 : 관찰 대상을 정하고 관찰한 내용을 쓴 뒤, 알게 된 점과 궁금한 점을 쓰고, 궁금증을 해결했다면 그 내용도 쓰기

　예 숲 체험, 곤충 체험, 동굴 체험, 계곡 체험 등

4 조사보고서 : 조사 주제를 정하고 그에 맞게 조사한 내용을 쓴 뒤, 알게 된 점과 더 알고 싶은 점 쓰기

　예 갯벌 체험, 공룡 체험, 미라 체험, 인체 체험, 동굴 체험 등

:: **놀토 체험** – 가까운 박물관, 전시관, 역사 체험 등

:: **여름방학 체험** – 갯벌 체험, 농촌 체험, 산촌 체험, 치즈 체험, 곤충 체험, 동굴 체험, 물놀이 체험, 숲 체험, 인체 체험, 공룡 체험 등

:: **겨울 방학 체험** – 박물관 체험, 청학동 체험, 도자기 체험, 한지 체험, 눈 체험, 미라 체험 등

이렇게해요

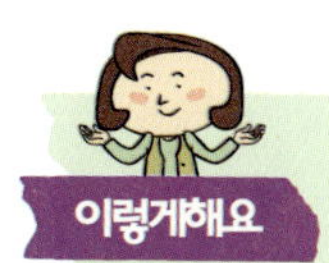

작전 ❶ 몸으로 겪은 일 쓰는 법

몸으로 직접 체험을 했다면 그 내용을 순서대로 써 봅니다. 체험지에 다녀왔음을 증명할 수 있는 티켓이나 사진이 있으면 꼭 붙이도록 하세요.

① 날짜 : 4월 10일 토요일 ② 장소 : 해강도자미술관

③ 주제 : 도자기 만들기 체험

④ 체험 내용

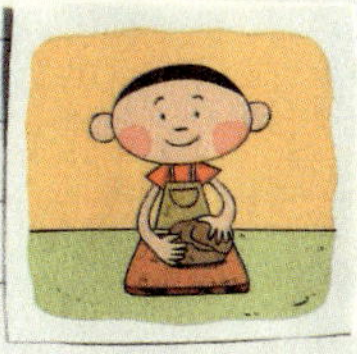

①반죽하기

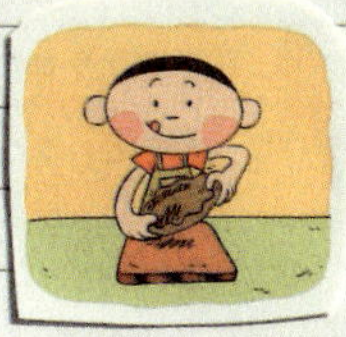

②모양 만들기

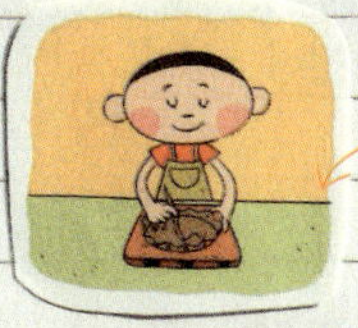

③무늬 새기기

해강도자미술관에 가서 도자기 만들기 체험을 했다. 먼저 흙을 주물러서 반죽을 한다. 조심스럽게 반죽해야 한다. 반죽이 물러서 부드러워지면 그릇을 만든다. 나는 접시를 만들었다. 납작하게 한 다음 가운데가 조금만 들어가게 했다. 마지막으로 바닥에 무늬를 새긴다. 나는 자연을 그렸다. 산, 나무, 햇님을 그렸다. 뒷처리는 미술관에서 해 준다. 유약 바르기와 굽는 것이다.

⑤ 느낀 점

접시 하나를 만드는 데도 참 시간이 많이 걸리고, 노력도 많이 든다는 것을 알게 되었다. 접시를 깨뜨리지 말고 소중하게 다루어야겠다.

체험 날짜와 장소를 씁니다.

체험 주제를 씁니다.

체험 장면을 찍은 사진을 붙이거나 그림을 그립니다.

체험 순서를 씁니다.

느낀 점을 씁니다.

박물관이나 전시관, 유적지 등에 가게 되면 아이들이 보고 들은 것들을 메모장에 꼼꼼히 기록하도록 합니다. 이 중 알게 된 점 중심으로 써요.

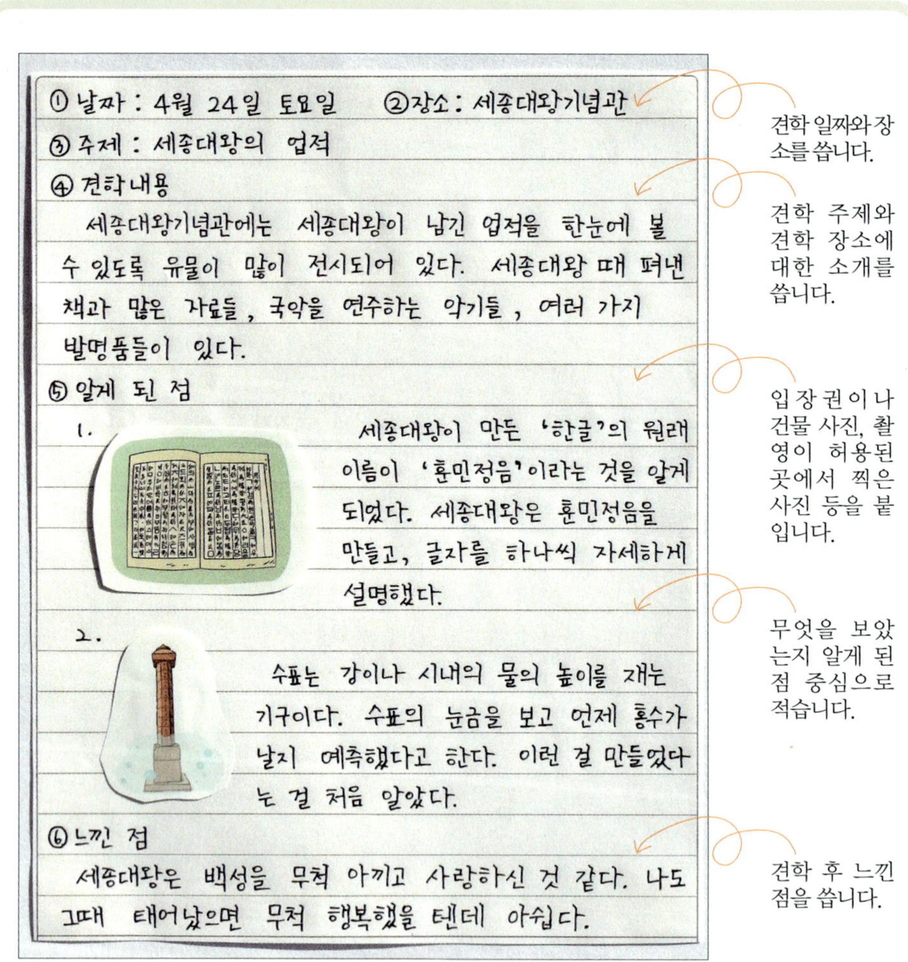

견학 일짜와 장소를 씁니다.

견학 주제와 견학 장소에 대한 소개를 씁니다.

입장권이나 건물 사진, 촬영이 허용된 곳에서 찍은 사진 등을 붙입니다.

무엇을 보았는지 알게 된 점 중심으로 적습니다.

견학 후 느낀 점을 씁니다.

작전 ❸ 자세하게 관찰한 일로 쓰는 법

식물이나 곤충, 동물들을 기르고 체험학습보고서를 쓸 때는 보고서 형식으로 쓸 수도 있고, 일기 형식으로 쓸 수도 있습니다.

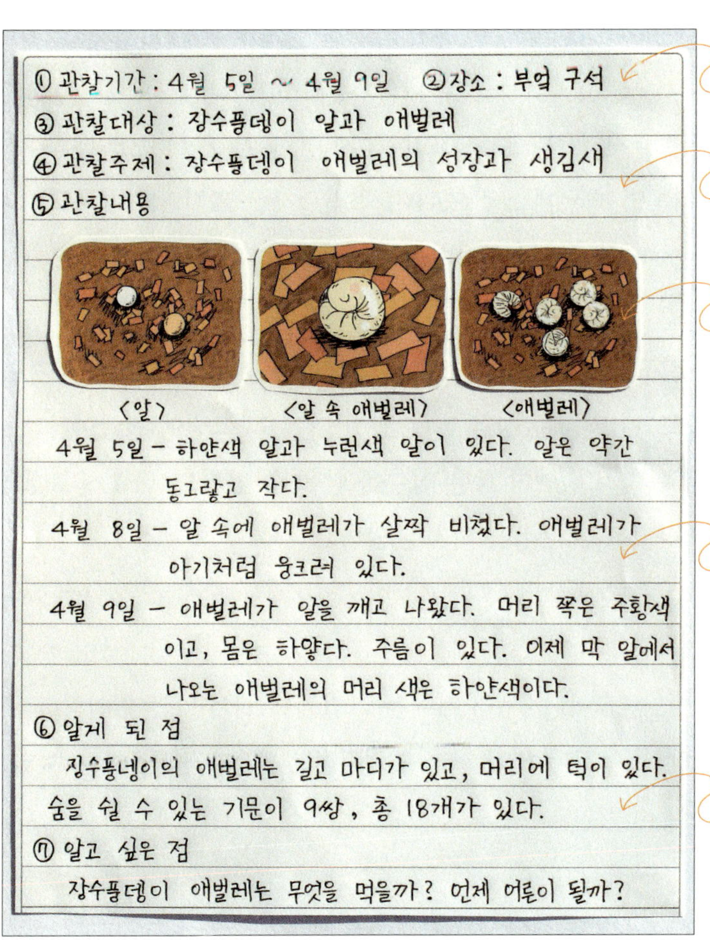

관찰한 날짜와 장소를 씁니다.

관찰 대상 및 주제를 씁니다.

관찰 대상의 변화를 그림으로 그리거나 사진을 찍어 붙입니다.

관찰 전, 관찰 중간, 관찰 후의 달라진 점을 기록합니다.

새로 알게 된 점, 궁금한 점, 앞으로 알고 싶은 점을 씁니다.

8 창의적인 생각으로 도전하는 포스터와 상상화 그리기

학교에서 열리는 대회 중에서 가장 잦은 대회가 바로 그림 그리기 대회와 글짓기 대회예요. 적어도 한 학기에 두세 번씩 학년별로 실시하지요.

1학년의 경우에는 글짓기보다 그림 그리기 대회가 많은 편이에요. 대다수의 아이들이 아직 글은 서툴기 때문에 그림으로 자신의 생각을 표현하도록 하는 것이지요. 우수한 작품을 뽑아 상장도 수여하기 때문에 열심히 준비한다면 좋은 결과가 따른답니다.

이미 이 사실을 알고 있는 엄마들은 일찌감치 아이를 미술 학원에 보내지요. 그런데 미술 학원에 보냈다고 모두 상을 받는 건 아니에요. 그림이나 글이나 아이의 개성과 창의성이 듬뿍 담겨 있어야 좋은 점수를 받을 수 있지요. 단순히 표현 기교나 형식미가 뛰어나다고 해서 수상을 하지는 않아요.

그렇다면 중요한 건 기술보다 '창의적인 생각' 이에요. 참신하고도 멋진 아이디어를 생각해 내어 그걸 그림으로 표현한다면 정말 좋은 작품이 탄생할 거예요. 그러니 '우리 아이는 그림에 소질이 없는데 어떡하지?' 라는 걱정은 안 해도 돼요. 누구나 생각하고 또 생각하면 멋진 생각을 해낼 수 있으니까요!

창의력과 상상력을 그림에 어떻게 담을 수 있을까?

창의력과 상상력을 그림에 담는 비결은 생각보다 어렵지 않아요. 바로 이야기를 짓는 거예요! 그냥 꽃병이나 나무를 그리면 정물화나 풍경화가 되는데, '숲 속 나라'를 떠올리면 상상의 날개가 펼쳐져 자연스레 이야기를 지을 수 있지요. 그 중 한 장면을 그리면 멋진 상상화가 된답니다.

그런데 누구나 떠올릴 수 있는 장면은 창의성이 떨어지기 때문에 참신한 장면을 생각해 내어 그림에 담으면 상상력과 창의력이 모두 그림 안에 들어가게 되는 거시요.

알아두세요 ## 포스터와 상상화를 그리기 위해 준비해야 하는 것들

준비물	쓰임
연습장	어떤 그림을 그릴지 연습장에 떠오르는 생각들을 메모하면서 주제를 찾고 구체적인 장면을 정해요.
4B 연필, 지우개	스케치를 할 때는 4B 연필과 미술용 지우개를 사용해요.
스케치북	8절, 또는 4절 스케치북을 준비하는데 보통 8절 스케치북에 그려요.
크레파스, 물감	크레파스만 사용하여 색칠하거나, 크레파스와 물감을 함께 사용해요. 이때 물감은 배경을 칠하는 데 써요.

학교 대회에서는 어떤 그림을 그릴까?

학교에서 열리는 대회에서 그리게 되는 그림은 크게 상상화와 포스터로 나눌 수 있는데, 상상력과 창의력을 가장 중요하게 평가합니다. 자신의 생각이 잘 드러나야 하고, 같은 재료를 가지고도 나만의 표현 기법을 사용하거나 독창적인 방법으로 그리는 것을 우수작으로 뽑아요.

1 상상화 : 미래의 내 모습, 옛날이야기, 꿈 속 세계 그리기

2 과학 상상화 : 과학 발전을 주제로 한 그림 그리기

3 환경 포스터 : 환경보호의 메시지를 표어와 함께 그림으로 그리기

4 교통안전 포스터 : 교통안전의 메시지를 표어와 함께 그림으로 그리기

5 불조심 포스터 : 불조심의 메시지를 표어와 함께 그림으로 그리기

:: **상상화** – 이야기 속의 한 장면처럼 그리되 창의적으로 그리기

:: **포스터** – 주제와 표어 정하는 데 역량 집중하기, 그림은 창의적으로 그리기

:: **창의력 기르는 법** – 마음을 즐겁게 하기, 서로 다른 두 가지를 합쳐 보기, 반대로 생각해 보기, 창의적인 생각을 하면 칭찬을 받는다고 상상하기, 다섯 살짜리 꼬마라면 어떻게 생각했을지 상상하기, 다른 사람이라면 어떻게 생각했을지 상상하기, 신문을 읽고 새로운 정보 찾기, 창의적인 생각이 떠오르면 자꾸 사람들한테 말하기, 자신의 아이디어에 자신감 갖기, 생각이 날 때까지 물고 늘어져 아이디어 떠올리기

:: **월별 교내 대회** – 4월 과학 상상 그리기
　　　　　　　　　　5월 부모님·선생님께 편지쓰기, 효행일기 쓰기
　　　　　　　　　　6월 환경 포스터 그리기, 나의 꿈 그리기
　　　　　　　　　　9월 교통안전 그리기
　　　　　　　　　　12월 불조심 그리기

작전 ❶ 미래 세계를 담은 과학 상상화

4월은 과학의 달이에요. 그래서 4월 초에 학교마다 과학을 주제로 하는 다양한 행사와 대회를 열어요. 이때 1학년은 보통 과학 상상화 그리기를 해요.

1단계 주제 정하기

먼저 주제를 정합니다. 과학이 발전된 미래의 모습을 상상해 보면 좋아요. 해저 도시, 해저여행, 우주기지, 우주여행, 로봇, 미래생활 등이 있습니다.

2단계 구상하기

주제를 정했으면 그와 관련하여 여러 가지 이야기를 떠올려 보고, 구체적인 한 장면을 상상해 봅니다. 주제별로 다음과 같은 장면을 참고해요.

- **해저도시, 해저여행** : 여기 저기 크고 작은 건물이 있고, 해저 자동차들이 물고기와 여러 해양 생물들 사이를 누비는 장면
- **우주기지, 우주여행** : 어떤 행성 위에 우주기차가 착륙하여 아이들이 내려와 탐험하는 장면
- **로봇, 미래생활** : 로봇이 집안 청소를 하고 있고 주인공은 벽에 붙은 화면으로 외국인 친구와 이야기를 나누는 장면

3단계 스케치하고 색칠하기

구상한 내용을 스케치합니다. 이때 주인공이나 중심 사물을 정하는 것이 매우 중요해요. 그래야 이야기처럼 극적인 느낌을 주기 때문이에요. 중심이 되는 부분은 가운데 정도에 크게 그리도록 하고, 색칠을 할 때도 진하게 색칠합니다.

작전 ❷ 환경의 소중함을 전하는 환경 포스터

환경을 소중하게 여기는 마음과 환경을 보호하는 태도는 학교에서 매우 중요하게 생각하는 교육 중의 하나예요.

1단계 주제 정하기

먼저 주제를 정합니다. 환경오염의 원인이나 심각성, 또는 환경보호의 방법을 주제로 삼아요.

2단계 표어 정하고 구상하기

주제를 정했으면 그 주제를 함축한 표어를 정하는데, 보통 8~16자로 만들면 됩니다. 표어는 직접적이면서도 참신한 것이 좋아요. 그리고 표어에 어울리는 그림을 그리는데, 다음을 참고해요.

- **환경오염의 원인** : 자동차를 타고 가는데 가로수들이 모두 켁켁거리는 그림, 땅에 묻은 쓰레기에서 시커먼 물질들이 흘러나오고 땅은 울상을 지으며 힘들어하는 그림
- **환경오염의 심각함** : 지구가 마스크를 하고 콜록대는 그림, 빙하가 녹아 펭귄 가족이 살 곳을 잃어 울고 있는 그림, 여름인데 눈이 오는 그림, 겨울인데 개나리가 피어 있는 그림
- **환경보호의 방법** : 자전거를 타고 가는 어린이가 나무와 인사하는 그림, 에어컨이 켜져 있는 방에서는 나무가 죽어가고 있고 부채를 부치고 있는 방에서는 나무가 잘 자라고 있는 그림

3단계 스케치하고 색칠하기

배경에 따라 적합한 색을 칠하고, 주인공이거나 강조해야 하는 부분은 진하게 색칠합니다.

❶ 과학 상상화와 환경 포스터

〈과학 상상화 그리기〉

미래의 해저도시 상상화예요. 바닷속이라는 걸 알 수 있게 물고기를 그리고, 바다농장 같은 특징적인 장소도 그려요.

〈환경 포스터 그리기〉

지구 환경 오염의 심각성을 일깨우는 포스터예요. 지구를 의인화하여 지구온난화의 문제를 표현했어요.

❷ 나의 꿈 그리기와 이야기 상상화

〈나의 꿈 그리기〉

나의 미래의 모습을 그렸
어요. 그리고 과학자라는
직업을 알 수 있도록 과학
책과 과학대상 트로피를
함께 그렸어요.

〈이야기 상상화〉

〈팥죽할머니와 호랑이〉
라는 이야기의 한 대목을
그렸어요. 가장 인상적인
장면을 실감나게 그려 봅
니다.

❸ 불조심 포스터와 교통안전 포스터

〈불조심 포스터〉

불은 어떻게 이용하느냐에 따라 이로울 수도 있고, 해로울 수도 있지요. 이 점을 포스터에 표현하여 불을 잘 이용해야 한다는 주장을 담았어요.

〈교통안전 포스터〉

모두의 안전을 위해 지켜야 하는 교통 규칙이나 질서가 있어요. 그 중에서 요즘 한창 시행되고 있는 '우측통행'을 포스터로 그렸어요.

기적의 받아쓰기. 1~4 | 최영환/길벗스쿨

받아쓰기의 원리를 매우 체계적으로 재구성하여 아이들이 단계별로 받아쓰기 방법을 익히도록 만들어진 교재입니다. 맞춤법과 표준어에 대한 감도 기를 수 있어서 많은 도움이 될 거예요.

백점만점의 100점 받아쓰기 1학년 1학기 | 정명숙/책먹는아이)

초등학교 1학년 1학기 교과서 내용을 중심으로 만든 받아쓰기 교재예요. 2학기용 교재도 있으니 나중에 또 참고할 수 있어요. 한 글자 한 글자 예쁘고 바르게, 그리고 정확하게 쓸 수 있도록 도와 줍니다.

우리 아이의 즐거운 일기쓰기, 독서록쓰기 | 강승임/아주큰선물

일기 쓰기와 독서록 쓰기 방법과 보기글이 실린 책이에요. 아이들은 무엇이든 처음 배울 때는 '모방' 이라는 방법으로 학습합니다. 그래서 아이들이 따라 쓰고 싶은 마음이 생기도록 재미있고 공감할 수 있는 일기와 독서록 보기글이 잔뜩 있어요.

초등 저학년을 위한 체험학습보고서쓰기, 가족신문만들기

강승임/아주큰선물

체험학습보고서를 쓸 때 막막한 건 어디를 가야 하는지와 어떻게 써야 하는지예요. 각종 체험 장소와 박물관 등을 실제로 체험한 뒤 작성한 보고서가 실려 있어서 이 두 가지를 동시에 해결할 수 있어요. 또 가족신문은 어떤 기사를 쓸지가 막막한데, 주제에 따라 여러 가지 형식을 재미있는 기사로 보여 줍니다.

삐릿삐릿 로봇 두근두근 미래과학 | 닉 아놀드/주니어김영사

미래의 사회와 미래 발명품들을 아이가 책을 통해 본다면 미래를 상상하는 것이
훨씬 수월해질 거예요. 이 책에는 로봇과 발달된 미래과학에 대한 내용이 실려
있는데 만화스러운 삽화가 들어 있어서 재미있게 읽을 수 있답니다.
이 책을 읽고 미래 상상화를 그려 봅니다.

Why? 로켓과 탐사선 | 황근기/예림당

우주여행을 하려면 로켓과 탐사선이 있어야 합니다. 이 책을 통해 그에 관한 지
식도 얻고, 이를 바탕으로 더 좋은 아이디어도 떠올릴 수 있어요.
멋진 우주선으로 우주여행을 하는 그림을 그려 보도록 해요.

바다 쓰레기의 비밀 | 로리 그리핀 번스/보물창고

바다를 떠도는 쓰레기와 바다와의 관계를 알아보는 과학·환경 책이에요. 바다에
버려진 쓰레기가 어떻게 옮겨 다니고, 이것이 지구에 어떠한 영향을 미치게 되는
지 알려 줍니다. 이를 통해 바다 환경을 보호하기 위해 어떤 일을 해야 하는지 깨
달을 수 있어요. 아이가 환경 포스터를 그리거나 환경 글짓기를 할 때 이 책을 읽
으면 좋아요.

내가 조금 불편하면 세상은 초록이 돼요 | 김소희/토토북

일상생활에서 어떻게 환경을 보호할 수 있을까요? 이 책에 아이들이 직접 할 수
있는 환경보호 실천법 50가지가 담겨 있습니다. 구체적인 환경 실천법을 주제로
포스터를 그리거나 글을 쓸 때 도움이 될 만한 책이에요.

초등 입학 준비의 모든 것 : 입학 전 100일＋입학 후 100일

PART5

그래도 궁금하다?

나머지 고민 해결!

1. 학습지, 해야 할까? 끊어야 할까?

언제부터인가 아이들 공부에서 빠지지 않는 것이 바로 '학습지' 예요.

학습지의 교육시스템은 매일 공부하기를 바라는 엄마들의 마음과 아주 잘 맞지요. 매일 조금씩 할 수 있도록 날짜와 양을 정해 놓고 방문 선생님이 와서 잠깐 봐 주거나 엄마가 체크하여 제대로 하고 있는지 확인하면 됩니다.

그런데 많은 아이들이 처음에는 호기심을 갖고 재미있어 하다가도, 어느 순간 싫증을 내고 미루고, 급기야는 학습지 때문에 엄마와 전쟁 아닌 전쟁을 치르게 돼요. 여기서 엄마가 이기면 울며 겨자 먹기로 계속 하게 되는 것이고, 아이가 이기면 결국 끊게 되는 거지요. 그런데 이런 상황까지 간다면 아이에게 학습지의 교육적인 효과는 거의 없다고 볼 수 있어요.

베테랑 엄마들도 학습지를 시켜야 하는지 말아야 하는지 의견이 갈려요. 과감히 학습지를 끊었더니 아이의 성적이나 공부 실력이 더 늘었다는 엄마도 있고, 꾸준히 한 결과 학습습관도 잡히고 기본 지식도 많아졌다는 엄마도 있어요.

그러니 문제는 엄마의 결단과 그에 대한 책임이에요! 학습지를 계속 시킬 계획이라면 그걸 잘 하도록 도와주어야 하고, 학습지를 끊을 것이라면 대안이 있어야 해요.

학습지, 처음 시작이 중요!

학습지를 시작할 때 왜 학습지를 하는지, 이걸 하면 무엇이 좋은지, 어떤 방법과 순서로 하는지, 만약 잘 모르는 내용이나 문제가 있으면 어떻게 하는지 등을 차분하고도 자세하게 얘기해 줍니다.

학습지 선택 노하우~ 내용보다는 선생님의 관리 능력

학습지마다 그 내용이나 시스템은 거의 비슷해요. 결정적 차이는 '선생님의 자질과 관리 능력'이에요. 시간을 잘 지키는지, 틀린 문제를 정확히 짚어 설명해 주는지, 아이가 숙제를 하지 않았을 때 다시 관심을 갖게 하기 위해 노력하는지, 아이의 숨은 능력을 발견하는지, 음성과 설명하는 태도가 아이의 집중을 끌어내는지 등을 살펴보세요.

학습지 하나면 충분할까?

학습지를 한다고 그 과목에 대한 공부가 끝났다고 생각하면 오산이에요. 학습지는 기본 내용을 파악하는 데는 도움이 되지만 깊이 있는 이해와 활용 능력을 기르는 데는 부족해요.

초등 1학년이 하는 학습지의 과목별 기대 수준은 다음과 같아요.

- **국어** : 새로운 어휘 학습, 교과 기본 내용 파악, 문제 적응
- **수학** : 빠른 계산법, 많은 양의 문제 적응
- **영어** : 단어 암기, 기초 해석, 문제 적응

❶ 학습지 100배 활용하는 법

많은 아이들이 학습지를 아예 안 하거나 종종 미루거나 시간을 끌며 하거나 건성건성 풀어요. 이왕 할 거면 다음의 방법으로 100배 활용해 보세요.

1단계 매일매일 똑같은 시간에 풀기

저녁을 먹기 전 매일 똑같은 시간에 학습지를 풀도록 해요. 시간은 과목당 25분 내외가 적당해요. 방문 지도는 아이가 편한 마음으로 임할 수 있도록 스케줄이 여유 있는 날로 정해요. 한 번 정한 시간은 6개월 이상 유지해요.

2단계 순서대로 학습지 푸는 방법 알려 주기

먼저 학습주제와 내용을 읽도록 해요. 그 다음 간단한 설명이나 본문을 읽고 마지막으로 문제를 풀어요. 문제를 풀 때도 무조건 푸는 것이 아니라 한 번 읽고 모르는 낱말을 밑줄 긋게 하고 답을 찾아보게 해요. 모르는 낱말은 엄마와 함께 사전에서 찾아보고 뜻을 이해해요.

3단계 선생님께 질문할 내용 미리 체크하기

잘 모르는 문제는 별표를 해 두어 나중에 선생님이 오셨을 때 질문하도록 해요.

4단계 선생님 확인이 끝난 후 틀린 문제 다시 보기

선생님이 돌아가시고 난 후, 엄마와 함께 복습해요. 이때 아이가 스스로 그 내용을 설명할 수 있도록 하세요.

❷ 학습지 끊고 자기주도적으로 공부하기

학습지 때문에 아이와 실랑이하는 시간이 점점 는다면 과감히 학습지를 끊고 대안을 찾아보세요. 단, 학습지의 장점은 최대한 살리고 단점은 보충할 수 있어야 해요. 그리고 마음을 굳게 먹고, 한번 끊은 학습지를 다시 시작하는 일은 없도록 합니다. 이 경우 교육효과가 거의 없어요.

1단계 학습 계획표 꼼꼼히 짜기

학습지를 하지 않고 집에서 아이 주도적으로 공부를 하도록 할 때 가장 중요한 것이 학습 계획표를 짜는 거예요.

학습 계획표는 '한 달 계획표 → 일주일 계획표 → 하루 계획표' 순으로 짭니다. 전체 내용과 분량을 정한 다음 구체적으로 하루에 해야 하는 세부 내용과 분량을 정해요. 그리고 시간을 정해 규칙적으로 할 수 있도록 합니다.

2단계 정해진 학습내용과 분량 마치기

공부를 할 때는 엄마가 먼저 학습 주제와 내용을 간단히 설명한 다음 바로 퀴즈를 내면서 확인해 보세요. 아니면 관련 문제를 풀도록 해요. 아이가 문제를 다 풀면 채점을 한 뒤 틀린 문제는 스스로 다시 풀어 보게 합니다. 그런 다음 다시 한 번 설명해 주세요.

3단계 배운 내용 되살리기

다음날 공부를 할 때 어제 배운 내용을 간단히 복습하면서 내용을 떠올려 봅니다.

2 시험공부는 시험을 위한 맞춤형으로!

　　1등! 이것은 아마 모든 부모님들이 바라는 꿈의 등수일 거예요. 시험을 그 누구보다 잘 보아서 우리 아이가 전교 1등을 한다면 얼마나 기분이 좋을까요? 물론 요즘에는 전교 등수가 성적표에 나오지 않지만요.

　　그런데 1등은 특별난 아이만 할 수 있다고 여기는 엄마들이 의외로 많아요. 아이에게 기대를 하기는 하지만 1등은 좀 힘들지 않을까 생각하지요.

　　하지만 생각과 태도를 바꾸면 누구나 1등을 할 수 있답니다. 철저하고도 영리하게 시험 준비를 하면 결코 꿈의 등수가 아니지요!

　　시험은 말 그대로 시험입니다. 시험공부 역시 말 그대로 시험공부이고요. 이 말은, 시험 기간에는 평소처럼 실력을 쌓고 능력을 기르는 공부를 하는 것이 아니라, 시험을 잘 보기 위한 맞춤 공부를 해야 한다는 뜻이에요.

　　1등, 1등 한다고 해서 성적에 목맨다고 생각하면 안 돼요. 1등 되기는 목적을 세우고 실현 가능한 전략을 세워 차근차근 실천해 나가는 태도와 습관을 기르기 위한 과정에 지나지 않아요! 시험은 아이의 성취의식을 높이고 준비하고 노력하는 습관을 들이는 데 안성맞춤입니다.

초등 시험, 어떻게 치르게 될까?

초등학교 시험의 시행 여부는 각 교육청의 자율 결정에 맡기지만 요즘에는 대부분의 학교에서 보고 있어요.

보통 1학년 1학기 때는 받아쓰기 시험 위주로 보다가, 2학기 때부터 단원평가를 보기 시작합니다. 어떤 학교는 이때부터 중간고사와 기말고사를 보기도 하지만 대부분 2학년 때부터 본격 시작합니다.

단원평가는 국어와 수학 과목 중심으로 보는데, 각 단원이 끝날 때마다 15~20문제 정도 있는 시험지를 주고 풀게 해요. 객관식과 단답형, 서술형 문제가 고루 섞여 있는데, 수학에서도 서술형 문제의 비중이 점점 높아지고 있어요.

중간고사와 기말고사는 각각 교과서 처음부터 시험 보기 전까지 배운 내용을 범위로 정해요. 그래서 공부할 양이 만만치 않지요. 25문제 내외로 내기 때문에 시간 조율에도 신경 써야 한답니다.

교과서 공부가 정말 중요할까?

시험공부를 할 때, 가장 중요하게 학습해야 하는 것이 교과서라는 말은 수많은 1등들이 늘 해 왔던 말입니다. 그러니 이 말을 절대 불신하지 말고 우리 아이도 교과서 공부를 제일 중요하게 생각할 수 있도록 시험공부의 절반 이상을 투자하도록 합니다. 시험공부 시작을 교과서로 해서 두 번을 꼼꼼히 보고, 전과와 문제집 학습을 마친 후 마지막으로 또 한 번 교과서를 봅니다.

교과서, 전과, 문제집의 학습 시간 비율은 다음과 같습니다.

교과서 학습 (50%) + 전과 학습 (30%) + 문제집 풀이(20%)

① 계획표대로 시험 준비하기

시험 대비 맞춤형 공부를 위해 다음과 같이 계획을 세워 실천합니다.

1단계 시험 일시와 과목 확인하기

시험 일시, 과목, 범위를 정확히 확인하세요. 보통 2~3주 전에 시험 공지가 나는데, 1학년의 경우 과목이 많지 않으므로 1~2주 정도 공부합니다.

2단계 시험공부 계획표 짜기

시험공부에 쓸 교재(교과서, 전과, 문제집)를 정하고, 이를 바탕으로 하루에 어떤 과목을 얼마만큼 공부할지 계획표를 짜요. 계획표를 짤 때는 역순계획이라고 하여, 가장 나중에 시험 치는 과목을 제일 먼저 공부해요. 그리고 하루에 한 과목만 공부하는 것보다 시간을 쪼개 두 과목 이상 공부하는 것이 기억에 더 오래 남아요.

3단계 계획표에 따라 시험공부에 집중하기

그 날 공부할 내용의 학습 주제와 내용을 먼저 확인한 뒤 중요한 내용은 외우게 하거나 문제를 풉니다. 또 선생님의 입장에서 문제를 예상하면서 공부합니다. 물론 이것만 해서는 안 되고요, 이렇게 예상 문제를 생각하다 보면 수업 시간에 선생님이 어떤 내용을 강조했는지 기억해 낼 수 있지요. 또 세세한 작은 내용에 앞서 중요한 개념을 먼저 공부하여 정리한 뒤, 그 개념들을 상세하게 공부하도록 합니다.

4단계 긍정적으로 생각하기

시험공부를 하다가 아이가 걱정하거나 불안해하면 "자신 있게 공부했으니까 네가 준비한 만큼, 노력한 만큼 하면 된단다."라고 격려해요.

② 문제 유형 적응시키기

문제에 대한 배경지식도 있어야 해요. 여러 가지 방식으로 서술되어 있는 문제를 이해하지 못하면 엉뚱한 데서 틀리지요. 이 때문에 저지르게 되는 대표적인 실수들을 어떻게 주의시켜야 하는지 알아보세요.

❶ 시험문제의 서술어 주의시키기

아이들은 때로는 말을 너무 곧이곧대로 들어 실수를 합니다. 시험을 치를 때도 문제의 서술어가 '~을 말해 보시오.'라고 나와 있으면 조용히 소리 내어 읽기만 하고 답을 적지 않는 경우가 있어요. 아이에게 모든 문제에 대해서 답을 적어야 한다는 걸 꼭 숙지시킵니다. 대부분의 문제는 '쓰시오', '써 넣으시오', '구하시오', '몇 입니까?', '무엇입니까?'라고 서술되어 있는데, 간혹 '읽어 보시오', '세어 보시오', '말해 보시오', '나누어 보시오', '찾아보시오', '알아보시오'라고 적혀 있는 경우도 있으니 주의시켜요.

❷ 지시 부호의 의미 알기

'㉠은 무엇인지 찾아 쓰시오.'라는 문제에 답을 '㉠'이라고 쓰거나 밑줄이 그어진 부분을 그대로 적었다는 실수담도 있어요. 또 어떤 아이는 'ㄱ'으로 시작하는 낱말을 써야 하는 줄 알고 한참을 고민했대요. 이렇게 국어 시험에는 지시 부호가 간혹 나오는데, 어떤 답을 적어야 하는지, 어떻게 답을 찾는지 자세히 알려 줍니다.

❸ 본문에서 답 찾기

국어 시험의 답은 대부분 본문에 있어요. 그런데 아이들은 문제만 읽고는 때론 자기 생각을 적어 버리곤 해요. 반드시 본문에 나와 있는 어휘와 구절을 이용하여 답을 적도록 해 주세요.

시험 당일, 떨지 않고 잘 보는 비결은?

'시험 불안'이라는 말 들어 보았나요?

평소에는 아무렇지 않게 공부도 잘하고 발표도 잘하고 아는 것도 잘 맞히다가 이상하게 시험만 보면 너무 떨리고 걱정되어 자기 실력이 나오지 않는 걸 말해요. 시험 불안이 있는 아이들의 행동을 살펴보면, 시험 날이 다가올수록 잠이 더 많아지거나 갑자기 배탈이 나거나 열이 나는 등의 몸에 이상이 오거나 평소보다 짜증이 많아지고 자신감도 떨어지지요.

시험은 누구나 잘 보고 싶어 하면서도 동시에 피하고 싶은 그 무엇이에요. 시험을 잘 보면 인정받고 원하는 걸 이룰 수도 있으니 당연히 잘 보고 싶은 마음이 굴뚝같은데, 혹시 못 보아서 이 모든 걸 하지 못하게 되었을 때 느끼는 좌절감과 패배감을 상상하니 피하고 싶기도 하지요.

아주 약한 시험 불안은 아이를 좀 더 준비하게 하고 노력하게 하는 효과가 있는데, 보통 이상의 시험 불안은 아이를 무기력하게 만들어 시험을 망치게 하지요.

엄마와 아이가 시험에 너무 집착하지 않고 순간에 최선을 다하는 자세로 임해 봅니다.

누가 시험에 약한 아이를 만들까?

지능이나 생활수준, 평소의 학습량은 비슷한데 어떤 아이는 여유롭게 시험을 쳐서 좋은 성적을 받고, 또 어떤 아이는 불안 속에 아는 것도 틀려요. 두 아이는 도대체 무엇이 다른 걸까요?

시험 불안이 있는 아이와 없는 아이의 가장 큰 차이점은 바로 가정환경, 즉 부모의 양육 태도에 있어요. 연구에 의하면 시험에 강한 아이의 부모님은 아이를 존중하고 아이 스스로 공부할 수 있는 기회를 많이 주며, 실수나 잘못을 수용하고 격려를 많이 해 준다고 해요. 그런데 시험에 약한 아이의 부모들은 보통 권위적이고, 아이에 대한 기대치가 높고 실수나 잘못을 꾸중하고 바로 고치게 하고 칭찬에 인색하대요.

그러니 아이의 시험 불안을 걱정하기 전에 아이에 대한 나의 태도를 돌아보고, 그 다음 시험 준비를 체계적으로 꼼꼼히 하도록 하면 어떤 아이도 시험에 강한 아이가 될 수 있답니다.

시험 불안을 퇴치하는 법

시험 불안을 퇴치하는 방법은 세 가지예요. 첫 번째는 몸의 긴장을 푸는 거예요. 근육 이완 훈련과 집중력 훈련을 통해 점차 마음을 편안히 가지면서 시험 불안을 줄여나가는 거예요. 두 번째는 생각을 바꾸는 거예요. 시험을 못 보았을 때 야단맞는 생각, 남들이 무시할 거라는 생각 등이 불안을 부추기기 때문에 밝고 긍정적인 생각을 하고 지금 공부에 집중하는 거지요. 마지막으로 시험 준비를 열심히 체계적으로 하고 시험 보는 기술을 익히는 거예요.

❶ 시험 보는 기술 익히기

시험 준비를 충분히 했는데도 막상 시험 성적은 그만큼 안 나오는 경우가 있어요. 이럴 경우에는 아이의 시험 보는 방법에 문제가 없는지 확인하고 다음의 방법들을 하나씩 일러 줍니다. 아이와 시험에 대해 솔직한 이야기를 나눠 보고 어떤 부분에 신경을 써야 하는지 파악한 뒤 그에 대한 정보부터 차차 알려 줍니다.

① 시험을 편하게 느끼도록 학교에 여유 있게 등교하고, 집중력을 방해하는 친구는 될 수 있으면 피하도록 해요.

② 아이가 기억하기 어려워하는 문제를 시험 전에 복습해요. 충분히 알고 있는 내용을 다시 읽는 것은 시간 낭비예요.

③ 시험지를 받고 이름을 쓴 다음 첫 문제부터 풀지 말고 전체 문제를 눈으로 한번 훑도록 해요. 바로 문제를 풀지 않는 것을 걱정할 필요는 없어요. 오히려 바로 문제를 풀 때 실수가 많아진답니다.

④ 전체 문제를 푸는 데 주어진 시간을 최대한 활용하도록 해요. 객관식은 몇 분 안에 풀고, 주관식은 몇 분 안에 풀지 함께 고민해 보고 문제집을 풀 때도 시간을 지켜 푸는 연습을 합니다.

⑤ 문제를 풀어나가면서 어떤 답을 원하는지 핵심 지침이나 실마리가 될 만한 부분에 밑줄을 그어 가면서 풀어요.

⑥ 국어 문제의 경우, 한 단락에 관한 문제라면 전체 글을 읽기보다 문제를 먼저 파악한 후 무엇을 읽어야 하는지 확인하고 단락을 읽도록 해요.

⑦ 쉬운 문제부터 풀고 어려운 문제가 있을 때는 15초 정도 고민을 하다가 과감히 다음 문제로 뛰어넘어요.

⑧ 문제 유형별로 다음의 내용을 확인하도록 연습시켜요. 하지만 이 방법이 모든 문제에 다 적용되는 것은 아니니 풀다가 좀 애매모호한 문제에만 적용하게 하세요.

가. 선다형 (~은 무엇인가요?)

- 틀린 것을 골라 지워요.

- 답을 체크하기 전에 모든 보기를 읽어요.

나. 진위형 (옳은 것, 또는 그른 것을 고르시오.)

- 제한적 조사(모든, 항상, 결코, 아무도)에 주의해요.

- 약간, 때때로, 보통, 자주와 같은 수식어가 들어가는 문항의 의미를 정확히 파악해요.

⑨ 잘 풀리지도 않는 특정 문제에 집착하지 않도록 해요.

⑩ 문제풀이가 끝났으면 마지막 몇 분 동안 시험지를 전체적으로 검토해요. 이때 다시 한 번 생각하다가 답을 고치는 경우가 있는데, 확신이 들지 않는 이상 고치지 않는 것이 좋아요.

4 보습 학원은 보내야 할까, 말아야 할까?

초등학생들도 중학생만큼이나 보습 학원에 많이 다녀요. 보습 학원이란 학교 내신을 가르치는 학원을 말한답니다. 1학년들도 교과서가 바뀌면서 보습 학원을 찾는 경우가 많아졌지요.

사실 아이들은 학원에 가는 걸 별로 달가워하지 않아요. 그만큼 놀 시간이 줄어드니까요. 또 학교에서도 배우는 걸 또 해야 하니 지겹기도 하지요.

그런데 엄마 입장에서는 남들도 다 다니는데 우리 아이만 뒤처질 수 없고, 학원에 보내지 않으면 엄마가 직접 가르쳐야 하는데 그럴 엄두도 안 나고, 그러다가 아이랑 사이만 더 나빠질 것 같아 학원을 택하게 되지요.

하지만 이런 부모님의 의도와는 달리 학원에 다닌다고 성적이 오르거나 학습 결과가 좋은 건 아니에요. 모든 공부는 아이가 어떤 상황에 놓여도 '하거나 안 하거나' 입니다.

그럼 우리 아이의 경우는 어떨까요? 학원에 보내는 게 좋을까요, 안 보내는 게 좋을까요? 보낸다면 어떤 학원에 언제부터 보내는 게 좋을까요? 또 안 보낸다면 어떻게 부족한 공부를 보충할 수 있을까요?

학원은 정말 족집게 만능일까?

학원에 보내는 가장 큰 이유는 시험을 잘 보게 하기 위해서예요. 하지만 학원은 족집게가 아니랍니다. 시험은 선생님이 내는 것이지 학원에서 내는 게 아니니까요.

또 학원은 만능도 아니에요. 학원의 역할은 부족한 학교 공부를 보충하고 스스로 공부하는 방법을 안내해 주는 데 있어요. 나머지는 아이의 몫이에요. 학원이 아이에게 도움이 된다면 그건 아이가 특별히 어려워하는 교과, 요령을 모르는 교과를 좀 더 효율적이고 집중적으로 익힐 수 있다는 데 있어요.

남들이 좋다고 우리 아이에게도 좋은 학원일까?

엄마들은 우리 아이를 보낼 학원의 정보를 알아보기 위해 주위 엄마들의 의견을 많이 수렴해요. 이때 남들이 좋다는 학원에 마음이 많이 기울게 되는데, 학원의 명성과 인기가 학원 선택의 기준이 되어서는 안 돼요. 우리 아이에게 맞는 학원, 부족함과 잘하는 부분을 잘 알고 발전적인 방향으로 나갈 수 있는 길을 열어 주고 안내해 주는 학원을 택해야 한답니다.

학원은 언제부터 다니는 게 좋을까?

결론부터 말하자면 1학년에게 학원은 이릅니다. 목적의식도 불분명하고 아직은 이것저것 스스로 해 보는 게 더 의미 있는 시기이기 때문입니다. 만약 학원에 아이를 보내고 싶다면 자기 생활을 본격적으로 조절할 수 있는 초등학교 3학녀부터가 적당해요.

❶ 맘먹고 학원 '잘' 다니기

부족한 부분을 보충하기 위해서든, 선행을 하기 위해서든 학원에 다니기로 했다면 학원을 최대한 활용하여 목적을 달성해야 해요.

❶ 빠지지 않고 꾸준히 다니기

한 번 다니기로 마음을 먹었으면 결석하지 말아야 합니다. 그리고 성적이 조금 떨어졌다고 하여 학원을 옮기는 것도 그다지 바람직하지 않아요. 일단 학원에 적응하는 데만 1~3개월 정도 걸리고, 그 사이 선생님이 아이를 파악하여 그에 맞게 수업 방식 등을 조절해 나가지요.

❷ 교과서 공부 소홀히 하지 않기

학원에서는 보통 자체 제작 교재나 시중에 나와 있는 참고서 등으로 수업을 해요. 그래서 학원에 오래 다니다 보면 교과서를 등한시하게 되지요. 이렇게 되면 학원에 다니는 것이 의미가 없으니 학원에서 다른 교재를 쓰더라도, 공부의 기본 교재, 중심 교재는 교과서라는 사실을 절대 잊으면 안 돼요.

❸ 학원 숙제 성실히 하기

학원 숙제는 대부분 문제풀기인데 참 많아요. 이에 질려 학원을 그만 두는 아이들도 있는데, 한번 끝까지 도전하여 문제 유형을 충분히 익혀 봅니다.

❹ 독서 꾸준히 하기

학원에 다니면 시간을 많이 빼앗겨 책 읽을 시간이 점점 없어져요. 따라서 주말 등을 이용해 적어도 일주일에 한 권 정도의 책은 읽을 수 있도록 해요.

❷ 학원 안 다니고 자기주도적 학습하기

요즘 자기주도적 학습의 중요성이 새삼 부각되고 있는데, 그 이유는 학원이나 학습지에 의존하다 보니 아이들의 창의력과 상상력, 잠재력 등이 제대로 계발되지 못하고 지식만 잔뜩 주입되기 때문이에요. 이에 학원과는 상관없이 자기주도적 학습의 원칙을 알아보세요.

❶ 스스로 이해하도록 노력하기

학원 수업에만 의존하게 되면 자기주도적 학습의 핵심인 응용력이나 창의력이 현저히 떨어져요. 따라서 이를 다시 계발하기 위해 어려운 개념이나 문제가 나왔을 때 아이 스스로 이해하도록 격려하고, 그것도 어려우면 대화를 통해 이 부분을 끄집어냅니다.

❷ 그날 배운 공부는 그날 반드시 복습하기

복습 위주의 과목과 예습 위주의 과목을 정해 꼭 지킵니다. 수학과 국어는 복습 위주의 과목이고, 영어는 예습 위주의 과목입니다. 만약 복습과 예습을 모두 하기가 어렵다면 모두 복습 위주로 학습 계획을 짭니다. 어려운 과목이나 내용은 인터넷 동영상 강의로 보충할 수 있어요.

❸ 학습 계획표 만들기

학원을 다니지 않는 아이들은 학교 공부가 끝나면 놀 생각에 공부하는 습관을 들이기가 좀처럼 쉽지 않아요. 그래서 학습 계획표를 짜서 실천하는 것이 좋답니다. 월간계획표, 주간계획표, 일일계획표를 따로 따로 짜두어 날마다 체크하면서 공부하면 돼요.

5 선행학습은 어느 정도가 좋을까?

조기 교육이라는 말이 나오기도 전부터 선행학습은 있어 왔어요. 방학 등을 이용하여 미리 다음 학기, 또는 학년 공부를 했지요. 그런데 이건 중학생과 고등학생의 얘기예요. 이제는 초등학생, 그것도 저학년에게서 선행학습을 하는 경우를 종종 볼 수 있어요. 조기 교육이 열풍을 불면서 낮은 학년에까지 확대된 것이지요.

선행학습을 하면 미리 학습내용 등을 살펴보고 배울 수 있으니 나중에 수업 시간에 그 부분을 할 때 익숙하다고 느낄 수 있어요. 익숙하면 좀 더 쉽게 내용을 받아들일 수 있으니 선행학습은 분명 효과가 있지요.

그렇다고 선행학습을 꼭 시키자는 말은 아니에요. 내용을 미리 배운다고 학습 결과가 꼭 좋은 건 아니니까요. 내용이 익숙하다고 이해를 하게 되는 것도 아니고요.

그렇다면 과연 선행학습을 시켜야 할지 말아야 할지, 그리고 시킨다면 교과마다 어느 정도 시키면 좋을지, 시켰을 때와 안 시켰을 때 우리 아이가 어떻게 다를지 미리 생각해 보고 결정을 내리는 것이 현명하답니다.

어떤 아이에게 선행학습을 시켜야 할까?

선행학습은 잘하는 아이에게 시켜야 할까요, 잘 못하는 아이에게 시켜야 할까요? 결론은 잘하는 아이에게 시켜야 한답니다. 기존에 배운 것을 80% 이상 알고 있는 아이가 선행학습을 해야 새로운 내용을 받아들이고 이해할 수 있어요.

기존의 학습이 아직 부족한 아이는 절대 선행을 시켜서는 안 돼요. 이런 아이들 같은 경우에는 복습을 시킨 다음 심화학습을 하는 것이 실력 향상에 도움이 돼요.

어떤 과목을 선행학습을 시켜야 할까?

국어, 수학, 사회, 과학, 영어 중에서 선행학습을 했을 때 가장 큰 효과를 거둘 수 있는 과목은 무엇일까요? 바로 수학이랍니다. 수학은 초등학교 1학년부터 고등학교 3학년까지 배우는 내용들이 모두 밀접하게 관련되어 있기 때문에 선행학습을 하면 심화학습으로까지 연결된답니다. 그런데 어느 아이나 시킬 수는 없고 수준이 되는 아이에게 시켜야 합니다.

언제 어느 정도 선행학습을 시켜야 할까?

평소 학기 중에는 선행학습을 시키는 것이 무리입니다. 이때에는 학교 진도를 충실히 따라갈 수 있도록 복습 위주의 공부를 하도록 합니다. 선행학습은 방학을 이용하는데, 보통 한 학기 선행을 시키는 것이 좋고, 새로 배우는 내용의 기초적인 개념 위주로 공부시킵니다.

❶ 수학 선행학습 지도

학기 중에는 수업 진도에 맞게 공부하면서 활용 능력을 기르고, 방학 때는 다음 학기 선행을 시킵니다. 이때 가장 중요한 것은 노트 정리입니다.

1단계 다음 학기에 배울 교과서 준비하기

수학 선행은 교과서로 하는 것이 가장 좋아요. 중요하고 핵심적인 개념과 원리 위주로 나와 있고, 문제는 적지도 많지도 않고 딱 알맞게 구성되어 있으니까요. 교과서가 준비되면 매일 몇 쪽씩 공부할 건지 계획을 세웁니다.

2단계 노트에 정리하며 풀기

교과서에 직접 문제를 풀거나 연습장에 아무렇게나 문제를 풀게 하지 말고 반드시 노트에 깔끔하게 정리하면서 풀이과정을 쓰도록 합니다. 그 내용을 보아야 엄마가 아이를 정확히 지도할 수 있습니다. 답은 맞았는데 식이 엉뚱하거나 풀이과정이 틀리는 경우도 많으니까요.

3단계 엄마가 확인하기

아이가 풀이과정을 쓴 노트를 교과서와 대조해 보면서 확인합니다. 이때 좀 더 확실한 확인을 위해 전과를 참고할 수 있어요.

4단계 오답 다시 풀기

확인하는 과정에서 틀린 답이 있으면 다시 풀어 보도록 합니다. 잘 못 풀면 아이와 함께 문제를 읽어 보면서 다시 한 번 개념을 간단히 설명해 줍니다.

❷ 국어, 사회, 과학 선행학습 지도

국어, 사회, 과학 선행학습은 모두 독서와 체험으로 하는 것이 바람직하다는 공통점이 있어요. 그렇다고 아무 책이나 읽을 수는 없기 때문에 과목별로 그에 알맞은 것을 선택하는 것이 중요합니다.

❶ 국어

국어는 다양한 종류의 책을 많이 읽는 것이 최선의 선행학습입니다. 그냥 책을 읽고 끝내는 것이 아니라 주제와 전체 줄거리를 파악하도록 해 주세요. 교과서에 나오는 글을 활용하는 것도 좋은 방법이에요. 교과서를 독서 교재로 삼아 부담 없이 읽고 주제와 줄거리를 파악해 보면 더욱 직접적인 선행학습이 될 거예요. 그리고 책을 읽다가 모르는 낱말이 나오면 일단 문맥을 통해 의미를 추론해 보고, 표시를 해 두었다가 나중에 국어사전을 찾아 바른 뜻을 알아봅니다.

❷ 사회와 과학

사회와 과학은 배경지식을 넓히는 체험 활동이나 놀이 중심의 실험이 좋아요. 교과서를 달달 외우는 선행은 가급적 하지 않습니다. 어차피 개념을 정확히 이해하지 못하면 암기가 힘들어 선행이 의미 없게 되어 버리기 때문입니다. 체험 활동을 하거나 관련 도서를 읽을 땐 그 전에 앞으로 배우게 될 교과서의 목차를 한 번 훑어본 후 각 내용과 연결된 활동을 해 봅니다.

예를 들어 사회는 우리 나라의 역사나 지리에 관한 책을 읽어 본다거나 박물관을 직접 견학해 보는 것이 좋아요. 과학은 과학 상식이나 과학백과 같은 책들을 많이 접하게 합니다. 또 천문대, 발명품 경진대회, 미래의 생활을 보여 주는 전시회 같은 체험들도 참 좋아요.

보습 학원이나 학습지를 시키지 않는 엄마들도 악기 하나쯤은 시키는 편이에요. 다른 활동과 달리 악기를 배우는 일은 기술적으로 훈련해야 하는 부분이 많아 개인지도 선생님이나 학원에 의지하지 않고는 가르치기 힘들지요.

악기를 배우면 리듬감, 음감, 음악성이 발달하고, 음악적 잠재력이 길러져요. 또 정서가 순화되고 자신감과 표현력이 발달하지요.

보통 유치 엄마들은 7세부터 피아노 학원에 제일 많이 보낸답니다. 주변에 피아노 학원이 제일 많기도 하고, 악보 보는 법도 자연스럽게 익힐 수 있으니까요. 피아노 연주법을 배우는 것은 물론이고요. 게다가 클래식 음악에 대한 감수성도 발달하고 위대한 음악가나 작곡가에 대해서도 알게 되니 1석 4조의 효과를 거둘 수 있지요.

이 이야기를 듣고 아직 아이를 피아도 학원에 보내지 않은 엄마들은 얼른 보내야겠다는 생각이 들지도 몰라요. 하지만 그럴 필요는 없어요. 피아노 말고도 아이들이 의미 있게 배울 수 있는 악기도 많고, 꼭 학원에 가지 않아도 음악 교육을 시킬 수 있으니까요.

음악 학원에 가면 무엇을 배울까?

음악 학원에 가면 무엇보다 악기를 연주하는 법을 배웁니다. 이것이 음악 학원의 제1목표예요. 그런데 악기를 연주하기 위해서는 악보를 보아야지요. 그래서 악보 보는 법도 더불어 익힐 수 있어요.

악보를 본다는 것은 음악 기호를 보고 박자를 알고, 빠르기를 알고, 조와 계이름을 안다는 거예요. 그래서 처음 보는 음악도 머릿속으로나 입으로 흥얼대며 장단과 리듬을 대충 알 수 있지요.

만약 아이가 음악 학원에 6개월 이상 다녔는데도 악보 보는 걸 이해하지 못하고 어려워한다면 좀 더 기초적인 것부터 가르쳐 주어야 해요. 예를 들어 손뼉으로 박자를 치며 노래 부르기, 타악기 연주를 통해 장단 익히기 등이지요.

피아노가 좋을까, 바이올린이 좋을까?

악기 자체가 좋다 나쁘다고 할 수는 없어요. 나름의 장단점이 있기 때문에 아이의 소질이나 적성에 맞게 선택하는 것이 중요하지요.

피아노 교육은 매우 대중적이에요. 피아노를 배우면 리듬감이 좋아지고 음악에 대한 전체적인 이해를 할 수 있는 안목이 길러져요. 보통의 아이들도 꾸준히 배우면 웬만큼 실력을 쌓을 수 있고, 무엇보다 악보를 읽을 수 있다는 장점이 있는데, 뛰어나게 잘하게 되는 경우는 매우 드물어요.

바이올린을 배우면 청음 실력이 아주 좋아지고, 음정을 정확히 알 수 있습니다. 그런데 전공을 하지 않는 한 꾸준히 배우는 데 한계가 있어요. 비용도 많이 들고 적합한 선생님을 만나기도 어렵기 때문이지요.

❶ 아이에게 맞는 악기 고르기

우리 아이는 타악기, 건반악기, 관악기, 현악기 중 어떤 게 맞을까요?

❶ 타악기를 배우면 좋은 아이

타악기에는 종, 심벌즈, 캐스터네츠, 북, 장구, 꽹과리 등이 있어요. 음정과 박자를 잘 모르는 아이가 배우면 좋아요. 타악기가 내는 소리는 우리 심장 고동과도 비슷하여 누구나 친숙하게 접근할 수 있고, 또 타악기 연주를 통해 알게 되는 박자는 음악의 기초이기 때문에 음악성을 키울 수 있지요.

❷ 건반 악기를 배우면 좋은 아이

건반 악기는 건반을 눌러 음을 내는 악기예요. 피아노와 오르간이 대표적이지요. 건반 악기는 서양 음악과 7음계로 작곡된 모든 음악에서 빼놓을 수 없는 중요한 악기예요. 그래서 음악에 대한 감수성이 조금이라도 있는 아이들이 배우게 되면 웬만큼은 다 실력을 갖추게 됩니다.

❸ 관악기를 배우면 좋은 아이

관악기는 입으로 공기를 불어넣어서 소리 내는 악기예요. 클라리넷, 플롯, 트럼펫, 단소, 리코더 등이 있지요. 관악기는 호흡기관이 튼튼한 아이에게 좋아요. 이런 아이는 전공을 생각해 보아도 좋지요.

❹ 현악기를 배우면 좋은 아이

바이올린, 첼로 등의 현악기는 손과 활을 이용하여 현을 튕기거나 켜서 소리를 내는 악기예요. 손가락이 긴 아이, 음감이 평균 이상 좋은 아이, 소리에 예민하고 진중한 아이와 잘 맞아요.

178

❷ 집에서 악보 보고 노래 연습하기

아이가 음악 학원에도 가지 않고 악기도 배우지 않는다면, 집에서 엄마가 이미 알고 있는 동요의 악보를 구해 악보 읽는 법만 지도합니다.

1단계 아이와 함께 노래 부르기

악보를 읽는 법을 배우기 전에 가벼운 마음으로 함께 노래를 불러 봅니다.

2단계 악보의 구성 요소 말해 주기

악보를 읽기 위해 어떤 내용이 들어가 있는지 여러 가지 기호와 그 의미를 설명합니다. 높은음자리표, 박자, 조, 마디, 음표, 계이름을 차례로 얘기해 주세요.

3단계 손뼉으로 박자를 치면서 장단 맞추기

박자와 음표를 얘기해 준 다음에는 손뼉으로 박자를 치면서 멜로디를 넣지 않은 채 가사를 박자에 맞게 말하도록 합니다. 그러면 박자와 음표의 관계를 잘 알 수 있어요.

4단계 계이름으로만 노래 부르기

계이름을 알려 준 후 계이름만으로 노래를 불러 봅니다.

5단계 지휘를 하며 노래 부르기

박자마다 지휘하는 법이 정해져 있어요. 마지막으로 기본적인 박자($\frac{2}{4}$, $\frac{3}{4}$, $\frac{4}{4}$) 지휘법을 알려 준 뒤 이에 맞게 지휘하면서 노래를 불러 봅니다.

7 미술과 체육도 학원을 보내야 하나?

　악기도 시키는데 미술과 체육은 어떻게 할까요? 나중에 고학년이 되면 주요 과목들 공부하느라 시간이 없으니 저학년 때는 예체능 위주로 시켜야 한다고 말하는 엄마들이 꽤 있어요.

　미술과 체육도 학원이나 클럽에서 배우면 분명 더 많은 지식과 기술을 습득할 수 있을 거예요. 그런데 이런 생각이 들 때일수록 미술과 체육을 하는 근본 이유를 생각해 봅니다. 그렇지 않으면 아이에게 맞지 않는 옷을 억지로 입히는 것처럼 무작정 학원부터 보내 오히려 거부감이 들게 할 수 있지요.

　미술과 체육을 시키는 이유는 상상력과 창의력, 표현력을 발달시키기 위해서예요. 따라서 학원을 보낼 때나 보내지 않을 때나 이 원칙에 맞는 활동을 하는지 파악해야 해요.

　아이를 미술학원에 보내면 학교에서 내는 다양한 과제를 잘할 가능성이 높은 대신 오히려 창의력이 방해받을 수 있어요. 선생님이 일일이 지시하는 경우가 많으니까요.

　한편 아이를 체육 클럽에 보내면 학교에서 하는 체육 활동들을 민첩하게 할 수 있고 친구들과도 어울리니 놀이를 대신할 수도 있지요.

어떤 미술 학원이 좋은 미술 학원일까?

미술학원을 선택하는 일은 매우 중요합니다. 앞서 말했듯이 학원에 따라서는 오히려 아이들의 상상력과 창의력을 방해하기도 하기 때문이에요. 특히 입시 미술을 지향하는 학원은 아이들에게 있는 그대로 따라 그리게만 시킬 수 있고, 표현이나 기교만을 강조할 수 있어요.

따라서 저학년 때는 자기 생각이나 느낌을 미술 활동으로 표현해 볼 수 있는 기회를 많이 주는 학원을 선택해야 해요. 결과보다는 과정에 충실한 학원을 말이에요.

이 경우 엄마가 인내심을 기지고 아이를 지켜볼 수 있어야 해요. 아무래도 과정을 중요하게 여기고 아이의 생각을 존중하다 보면 결과물이 생각보다 못할 가능성이 높거든요. 그래도 아이 스스로 표현하면서 성장할 수 있도록 배려하는 학원이 좋은 학원이랍니다.

단체 운동이 좋을까, 개인 운동이 좋을까?

체육을 시킬 때 고민하게 되는 것 중 하나가 바로 단체 운동을 시켜야 하는지, 아니면 개인 운동을 시켜야 하는지에 관한 거예요. 둘 다 장단점이 있기 때문에 아이의 성향이나 바라는 바에 따라 선택합니다.

단체 운동은 협동심과 사회성을 길러 주고, 친구도 많이 사귀도록 해 줍니다. 대신 자기만의 기술이나 재능을 집중적으로 발달시키는 데는 약간 부족해요. 아무래도 전체 속에 아이가 놓여 있다 보니 아이의 숨어 있는 자질을 끄집어내는 데 오랜 시간이 걸리지요. 한편, 개인 운동은 단계별로 실력을 올릴 수 있다는 장점이 있는 반면 인성이나 사회성을 길러 주는 데는 조금 미흡하지요.

① 엄마표 미술 지도

엄마가 직접 집에서 아이의 미술 지도를 할 수 있어요. 물론 전공한 엄마가 아니라면 어떤 기교나 채색법, 스케치법을 가르쳐 주기는 힘들지요. 대신 저학년 때 꼭 길러야 하는 관찰력, 상상력, 창의력을 길러 줄 수 있습니다.

또 시간에 구애받지 않고 활동할 수 있으니 스케치부터 채색까지 여유롭게 진행할 수 있고요. 아이가 자신의 생각이나 느낌, 관찰한 것을 솔직하게 표현할 수 있도록 격려해 주세요.

아이들은 특히 사람을 자주 그리게 되는데, 이 정도는 엄마가 충분히 일러 줄 수 있답니다. 다음의 대화를 참고하여 집에서 직접 미술 지도를 해 봅니다.

 엄마 얼굴 멋있게 그려줄 수 있겠니? 엄마 얼굴이 어떻게 생겼어?

 동그래요.

 달걀처럼 동그래, 아니면 보름달처럼 동그래?

 보름달처럼 동그래요.

 그럼 이번엔 엄마 눈, 코, 입이랑 표정을 잘 보렴. 어떤 것 같아?

 웃겨요. 한 쪽 눈은 찡그려 있고, 그래서 입꼬리가 약간 올라갔어요.

 관찰력이 좋구나. 그럼 이제 그려 볼까? 큼직하게 그려 보자.

 얼마만큼 크게요?

 도화지 가득 그려 보자.

❷ 여러 가지 체육 활동 따져 보고 고르기

우리 아이는 수영, 태권도, 축구교실, 발레교실 중 어떤 활동이 맞을까요?

❶ 수영

수영은 단계별로 성장하는 기쁨을 맛보게 해 주는 체육 활동입니다. 수영 동작이 레벨에 따라 다르므로 하나씩 마스터할 때마다 성취감을 느낄 수 있고 자신감도 생기지요. 성별에 상관없이 누구나 선택할 수 있다는 장점도 있어요.

❷ 태권도

태권도는 무술의 한 갈래이기는 하지만 공격적이지 않고 자기 수련을 위한 신체단련 활동에 더 가까워요. 만약 흥분을 잘하거나 덤벙대거나 생활에 규칙이 없고 너무 자율적이면 태권도를 시켜 봅니다. 정신 훈련도 함께 하기 때문에 많은 도움이 될 거예요.

❸ 축구교실

축구는 단체 경기이기 때문에 자연스럽게 협동심과 사회성이 길러지지요. 또 남자아이들 같은 경우는 뛰고 구르면서 에너지를 발산할 수 있는 운동이 적합하기 때문에 축구를 적극 권장합니다. 남과 잘 어울리지 못하는 아이, 자기중심적인 아이에게도 좋아요.

❹ 발레교실

어렸을 때 발레를 배우면 자세가 교정되고 몸의 유연성을 기를 수 있어요. 또 예술적 감수성도 길러지고요. 아름다움을 추구하는 여자아이라면 발레교실에 등록하여 기본기를 배울 수 있도록 합니다.

8 방학은 어떻게 보내야 할까?

　　초등학교 방학은 35일 내외로 정해집니다. 한 달을 쉬기 때문에 매번 방학이 돌아올 때마다 엄마들은 어떻게 하면 알찬 방학을 보내게 할지 고민에 빠져요. 방학 기간은 한 달 남짓이지만 그 시간은 아이의 다음 학기 혹은 다음 학년을 결정짓는 중요한 시기임을 잘 알고 있기 때문이지요. 더 이상 방학은 더위와 추위를 피해 가정에서 심신을 편히 쉬게 하는 시간만은 아니에요.

　　방학은 학습, 견학 및 체험활동, 독서, 캠프, 봉사활동, 어학, 예체능 등 얼마든지 다채롭고 흥미진진하게 계획해 볼 수 있어요. 하지만 어떤 계획을 세우든 결국 실천은 아이의 몫이랍니다. 따라서 처음에 계획을 할 때부터 아이 주도로 할 수 있도록 합니다. 엄마는 옆에서 큰 범주만 정해 주세요.

　　아이가 무얼 하고 싶어 하는지 이야기를 나눈 다음 그걸 충분히 할 수 있도록 배려해 주세요. 그럼 방학 동안 '성취'라는 의미 있는 경험 하나를 할 수 있답니다.

방학을 잘 보내는 비결이 있을까?

초등학교 1학년 방학은 눈 깜짝 할 사이에 시작되어 눈 깜짝 할 사이에 끝이 나요. 그래서 계획을 잘 세워 보내야지요. 만약 계획을 세우지 않으면 시간이 많아지기 때문에 빈둥대다가 평소의 생활 리듬이 깨져 나중에 개학하고 나서 고생할 수 있습니다.

방학 계획은 아주 구체적으로 세우도록 해 주세요. 예를 들어 책 50권 읽기, 하모니카 배우기, 줄넘기 100번 도전, 여행 가서 사진 많이 찍기 등으로 세울 수 있어요.

여름방학은 어떻게 보내야 할까?

여름방학에는 1학기를 돌아보고 2학기를 준비하는 시간을 갖는 것이 중요해요. 생활습관과 학습습관을 반성하고 어떻게 고쳐야 하는지 생각한 다음 방학 때 이를 적용해서 새로운 습관을 만들어 봅니다. 또 2학기 때 배울 내용들을 먼저 살펴보고, 독서와 체험 위주로 배경지식을 쌓도록 합니다.

겨울방학은 어떻게 보내야 할까?

겨울방학은 1학년을 돌아보고 2학년 계획을 세우는 것이 중요해요. 2학년 때 이루고 싶은 목표를 정하고 실천법도 짜 봅니다. 겨울이 되면 아이들의 신체적 활동성은 떨어지는데, 의식은 더욱 활발해지지요. 따라서 독서를 더 많이 하도록 하고, 2학년 교과서를 미리 구하거나 문제집을 사 선행학습도 해 봅니다. 여름방학을 체험 위주로 보냈다면 겨울방학은 학습과 지적인 활동 위주로 보내는 것이 좋습니다.

❶ 방학 숙제 알차게 하기

예나 지금이나 방학 숙제는 늘 방학을 힘들게 하는 것 중의 하나지요.

❶ 방학 생활계획표 만들기

아이에게 직접 실천 가능하도록 만들게 합니다. 기상 시간, 취침 시간을 먼저 정하고 식사 시간, 공부 시간, 자유 시간, 독서 시간 등을 표시해요.

❷ 일기쓰기

개학을 며칠 앞두고 한꺼번에 쓰는 일이 없도록 일기 쓰는 시간을 정해 씁니다. 쓸거리가 없으면 날씨나 관찰한 일 등을 쓰도록 합니다.

❸ 나만의 특기 기르기

방학에는 배우고 싶은 것이나 소질이 있는 분야에 집중적으로 시간을 투자할 수 있다는 장점이 있어요. 한 번 예체능에 도전해 보도록 합니다.

❹ 부족한 과목 공부하기

지난 학기 또는 학년에 부족했던 부분은 반드시 철저하게 복습하고 다음 학기 (학년)로 올라가야 해요. 보충 없이 그냥 올라가면 학년이 올라갈수록 약한 부분이 누적되어 회복이 힘들고 시간이 많이 걸린다는 것을 명심해야 해요.

❺ 독서록 쓰기

책을 읽은 후 그 내용과 감상을 독서록에 다양하게 표현해 봅니다.

❻ 친구나 선생님과 사랑의 편지 주고받기

방학 중 만나지 못하는 친구나 선생님께 편지를 써 봅니다.

② 나만의 방학 만들기 프로젝트

기본적으로 해야 하는 일들 말고 아이가 원하는 일, 의미 있는 일들을 찾아 함께 해 봅니다.

❶ 떠나요, 놀면서 배우는 체험 학습

방학에는 시간적 여유가 많으니 두어 곳으로 체험 여행을 떠날 수 있을 거예요. 많이 보고, 듣고, 느끼는 것이 바로 살아 있는 공부이지요. '백문이 불여일견'이라는 말도 있듯이 여름휴가, 각종 캠프(예절, 레포츠, 농촌 체험, 과학, 역사 등)에 대한 정보를 검색해서 아이의 수준과 신체적 조건과 체력, 성격, 흥미 등을 꼼꼼히 따진 후 가 보도록 합니다.

❷ 도우며 사는 세상, 봉사활동

봉사활동은 방학을 매우 의미 있게 할 거예요. 어려운 사람을 돕거나 공익을 위해 일을 해 보거나 환경을 보호하기 위해 노력하는 일 등은 더불어 사는 세상의 의미를 일깨워 줍니다.

방학 중에 양로원, 고아원, 장애우 시설 등을 방문하여 나보다 어려움에 처해 있으면서도 꿋꿋하게 사는 사람들을 만나게 해 주세요. 그들에게 아이가 도울 수 있는 일이 어떤 것들인지 스스로 생각해 볼 수 있는 시간을 주고 함께 그 일을 해 봅니다.

❸ 책 50권 읽기

학기 중에 읽고 싶었던 책이나 새로운 분야의 책을 읽어 보고, 도서관이나 서점에 자주 가서 직접 골라 봅니다. 책을 정말 50권을 읽으면 적당한 선에서 아이가 원하는 걸 해 주세요. 아이는 큰 성취감을 맛볼 거예요.

일 년 내내 벌 받는 1학년 | 에블린 르베르그/주니어김영사

학교를 가기 전 아이들은 설레기도 하고 두렵기도 합니다. 이 책은 바로 그 상황을 유머 있게 보여 주어요. 입학을 앞둔 주인공 레오에게 누나가 학교는 무서운 곳이라고 협박하지요. 레오는 바짝 긴장하여 학교에 가는데 몇 시간도 되지 않아 누나가 거짓말 했다는 걸 알게 됩니다. 이 책을 읽으면 아이들의 긴장감이 단번에 풀어질 거예요.

학교 가기 싫어! | 크리스티네 뇌스틀링거/비룡소

주인공 프란츠도 여덟 살이 되어 학교에 가게 되었어요. 그런데 학교는 기대했던 것만큼 재미있지 않습니다. 선생님은 무뚝뚝하시고, 프란츠랑 사이가 안 좋은 에버하르트도 있기 때문입니다. 아이는 프란츠의 이야기에서 학교를 다니면서 선생님이나 친구에게 받을 스트레스를 어떻게 극복해 나가는지 영감을 얻을 수 있을 거예요.

지각대장 존 | 존 버닝햄/비룡소

아주 유명한 그림책이에요. 존이라는 아이가 매일 지각을 하는데, 학교에 가는 동안 늘 방해꾼들을 만나기 때문이에요. 하지만 선생님은 존의 말을 당연히 믿지 않고 반성문을 쓰게 하지요. 그런데 언제부턴가 존은 더 이상 지각하지 않아요. 학교에 적응하는 과정에서 아이들은 규칙을 어기기도 하고 일탈 행동을 하기도 하는데, 존의 선생님과 반대로 그 마음을 존중해 주면 적응도 빠르답니다.

내 친구 꼬마 용 | 이리나 코르슈노프/사계절

한노는 학교생활에 별 관심이 없는 듯 보여요. 친구도 별로 없고 학교에서 내 준 과제도 열심히 안 하지요. 그런데 어느 날 꼬마 용을 만나면서 조금씩 변해요. 꼬마 용에게 이것 저것 가르쳐 주다 보니 운동도 잘하게 되었고, 글도 잘 쓰게 되었고, 노래도 잘 부르게 되었어요. 이제 한노는 학교 가는 것이 즐겁고, 무엇이든 잘하는 아이가 되었답니다. 이 책을 읽고 아이들은 자신감을 갖고 즐겁게 노력하면 못했던 것도 잘하게 된다는 걸 알게 돼요.

자신만만 1학년 | 양승현/아이즐

학교생활을 좀 더 자신만만하게 할 수 있도록 16가지 주제의 동화를 담은 책입니다. 학교 가기 전의 두려움을 극복하게 해 주는 이야기부터 친구들과 잘 지내는 법, 수업 시간이나 급식 시간에 지켜야 하는 규칙 이야기 등 다양한 내용이 실려 있어요.

틀려도 괜찮아 | 마키타 신지/토토북

어른 앞에서 소극적인 아이들은 수업 시간에 선생님이 묻는 말에도 답하지 못해 부끄러워하거나 당황해할 수 있어요. 이 책을 읽고 수업 시간에 꼭 정답만 말해야 하는 것이 아니라 틀려도 용기 있게 자신감을 가지고 말하는 것이 중요하고 훌륭한 일이라는 걸 알게 해 주세요.

나쁜 어린이표 | 황선미/웅진주니어

학교에서 착한 일을 하거나 숙제를 잘하면 착한어린이표를 받아요. 착한어린이표를 많이 받은 아이는 어깨가 펴지고 학교생활에 자신감이 생기지요. 반면 착한어린이표를 적게 받거나, 책 속 주인공처럼 나쁜 어린이표를 많이 받은 아이는 속상하고 억울해서 자신감도 떨어져요. 어떤 경우가 되었든 아이들의 공감을 끌어내며 학교생활에서 오는 스트레스를 풀어 주는 책입니다.

까막눈 삼디기 | 원유순/웅진주니어

2학년이 되어서도 글을 못 읽어 친구들에게 놀림을 당하는 '까막눈' 삼디기가 있어요. 그런데 새로 전학 온 친구 보라를 만난 후 글자를 깨치게 됩니다. 그 과정이 참 따뜻하게 펼쳐지는 이야기예요. 노력하는 모습이 아름다운 삼디기와, 그런 삼디기를 다정하게 도와주는 보라의 모습이 아이에게 친구와 사이좋게 어울려 지내는 법을 알려 줄 거예요.